职业教育电子类专业"新课标"规划教材

U0747775

电工技术应用

Electrotechnical Application

主　编　肖义军　李朝晖

副主编　戴　文　罗　脉　王　群　李月朗

主　审　谭立新

中南大学出版社
www.csupress.com.cn

图书在版编目(CIP)数据

电工技术应用/肖义军,李朝晖主编. —长沙:中南大学
出版社,2017.7(2021.8重印)

ISBN 978-7-5487-2879-5

Ⅰ.①电… Ⅱ.①肖… ②李… Ⅲ.①电工技术 Ⅳ.①TM

中国版本图书馆 CIP 数据核字(2017)第 176485 号

电工技术应用
DIANGONG JISHU YINGYONG

肖义军 李朝晖 主编

□责任编辑	胡小锋		
□责任印制	唐 曦		
□出版发行	中南大学出版社		
	社址:长沙市麓山南路	邮编:410083	
	发行科电话:0731-88876770	传真:0731-88710482	
□印 装	广东虎彩云印刷有限公司		

□开 本	787 mm×1092 mm 1/16	□印张 13.75 □字数 354 千字	□插页 2
□版 次	2017 年 7 月第 1 版	□印次 2021 年 8 月第 2 次印刷	
□书 号	ISBN 978-7-5487-2879-5		
□定 价	29.00 元		

职业教育电子类专业"新课标"规划教材编委会

出版说明

根据《国务院关于大力发展职业教育的决定》、国务院印发的《关于加快发展现代职业教育的决定》等文件提出的教材建设要求，和《中等职业学校专业教学标准(试行)》(2014)要求职业教育科学化、标准化、规范化等要求，以及习近平总书记专门对职业教育工作作出的重要指示，中南大学出版社组织全国近30余所学校的骨干教师及行业(企业)专家编写了这套"职业教育电子类专业'新课标'规划教材"。

本套教材的编写紧紧围绕目标，以项目模块重新构建知识体系结构，书中内容都以典型产品为载体设计活动来进行的，围绕工作任务、工作现场来组织教学内容，在任务的引领下学习理论，实现理论教学与实践教学融通合一、能力培养与工作岗位对接合一、实习实训与顶岗工作学做合一。

本套教材力求以任务项目为引领，以就业为导向，以标准为尺度，以技能为核心，达到使学校教师、学生在使用本套教材时，感到实用、够用、好用。归纳起来，本套教材具有以下特色：

(1)以任务为驱动，对接真实工作场景性强，教学目的性强，实用性强，教、学、做合一体性。

(2)各项目及内容按照循序渐进、由易到难，所选案例、任务、项目贴近学生，注重知识的趣味性、实用性和可操作性。

(3)把培养学生学习能力贯穿于整个教材中，尽量避免各套教材的实训项目内容重复，注意主辅协调、合理搭配，提高教学效果。

(4)考虑到各个学校实训条件，教材中许多项目还设计了仿真教学，兼顾各中等职业学校的实际教学要求，让学生能轻松学习知识和技能。

(5)注重立体化教材建设。通过主教材、电子教案、实训指导、习题及解答等教学资源的有机结合，提高教学服务水平，为高素质技能型人才的培养创造良好的条件。

由于职业教育改革和发展的速度很快，加之我们的水平和经验有限，因此在教材的编写和出版过程中难免出现问题和错误。我们恳请使用这套教材的师生及时向我们反馈质量信息，以利于我们今后不断提高教材的出版质量，为广大师生提供更多、更实用的教材。意见反馈及教学资源联系方式：451899305@qq.com

编委会主任　李正祥
2017 年 7 月

前　言

　　根据《国务院关于大力发展职业教育的决定》、国务院印发的《关于加快发展现代职业教育的决定》等文件提出的教材建设要求，和《中等职业学校专业教学标准(试行)》(2014)要求职业教育科学化、标准化、规范化等，以及习近平总书记专门对职业教育工作作出的重要指示，编写了《电工技术应用》一书。

　　本书编写努力体现以全面素质教育为基础，以就业为导向、以职业能力为本位、以学生为主体的职业教育教学理念；坚持"做中学，做中教"的职业教育教学特色，积极探索理论和实践相结合的教学模式，适应项目教学等新型教学方式实施的需要。本书在编写的过程中贯彻"理论知识适度、够用"的原则，精选内容，抓住各章节的有机联系循序渐进，理论知识由浅入深，力求做到概念明确、原理清晰。

　　本教材编写的特色如下：

　　1. 以能力为主线。本书注重培养学生的实际操作技能、解决实际问题的能力，以及就业后拓展生存空间的所必备的技能水平。

　　2. 以全面发展为宗旨。本教材既注重实际的操作技能，又注重理论知识的讲解，并配有一定的例题，力求知识的系统性，使学生全面发展。

　　3. 以坚持创新为导向。本教材与时代同步，增加新知识、新工艺、新产品、新技能等知识。在编写体例上，采取任务驱动方式，每个任务又由任务描述、任务目标、基础知识、技能实训、拓展提高等栏目组成，并附同步练习，巩固所学知识。

　　由于编者水平有限，书中错误和不当之处在所难免，热忱欢迎广大读者批评指正、提出宝贵的意见和建议(QQ：249260921)，以便进一步完善教材。

编　者

2017 年 7 月

目　　录

项目 1　电的认识与安全用电

项目描述

　　电和人们生产、生活有着密不可分的联系，学习电工技术更要与电密切联系，正确认识电，会安全使用电，出现触电会进行急救，是学好电工技术的基础。本项目通过两个任务的实施，让读者获得如下知识和技能：理解电的基本概念；了解发电及输送电设备；了解常见的触电方式；会预防触电和进行触电急救；会进行电气火灾预防及扑救。

项目任务

任务 1.1　电的认知

1.1.1　任务描述

　　电的应用越来越广泛，在人们的生产、生活中，电力已经成为主要的动力来源，大大地造福人类。本任务介绍电是怎样产生的，电是怎样输送的。

1.1.2　任务目标

　　(1) 理解电荷、电场、电场强度、电力线等基本概念。
　　(2) 掌握库仑定律。
　　(3) 认识发电和输送电设备。
　　(4) 了解电的传输过程。

1.1.3　基础知识一：库仑定律

1.1.3.1　电荷

　　从初中物理我们知道，用丝绸摩擦过的玻璃棒，被毛皮摩擦过的橡胶棒，都能吸引羽毛、纸屑等轻小物体，那是因为它们都带上了电荷，如图 1 - 1 - 1 所示。由于玻璃棒的一

因为不同的检验电荷 q 在电场中的同一点所受的电场力是不同的,所以我们不能直接用电场力的大小来表示电场的强弱。实验表明,在电场中的同一点,比值 F/q 是恒定的;在电场中的不同点,比值 F/q 一般是不同的。这个比值由检验电荷 q 在电场中的位置所决定,与检验电荷 q 无关,它是反映电场性质的物理量,用来表示电场的强弱。

检验电荷在电场中某一点所受电场力 F 与检验电荷电荷量 q 的比值,叫作该点的电场强度,简称场强。用公式表示为:

$$E = \frac{F}{q} \qquad\qquad (1-1-2)$$

式中:E——电场强度,单位是牛顿每库仑(N/C);

F——电场力,单位是牛顿(N);

q——检验电荷的电荷量,单位是库仑(C)。

电场强度是矢量,既有大小又有方向。电学中规定,电场中某点的场强方向,就是正电荷在该点所受电场力的方向。

例 1.1.2 在电场中的某点放入电荷量为 6×10^{-9}C 的点电荷,受到的电场力为 3×10^{-5}N。这一点的电场强度是多大?如果改用电荷量为 8×10^{-9}C 的点电荷,该点的电场强度又是多大?点电荷所受的电场力又是多大?

解:由电场强度公式可得:

$$E = \frac{F}{q} = \frac{3 \times 10^{-5}}{6 \times 10^{-9}} = 5 \times 10^{3}(\text{N/C})$$

由于电场中某点的电场强度与检验电荷无关,所以该点的电场强度不变,$E = 5 \times 10^{3}$(N/C)。点电荷所受的电场力 $F' = Eq' = 5 \times 10^{3} \times 8 \times 10^{-9} = 4 \times 10^{-5}$(N)。

1.1.4.2 电力线

电场是无形的,但我们却可间接地窥视它的模样,使它现出原形。我们来做个实验:把奎宁晶粒或石棉屑等漂浮在凡士林油或蓖麻油这类黏滞物质的表面上,并放入电场中。我们发现那些本来杂乱无章的东西好似听到命令似的,都一个个按某一和谐的图案排起队来了。图 1-1-4 所示的图案就是电场"艺人"的作品。其中的一条条细线代表了电场力作用的线,我们把它叫作电力线。

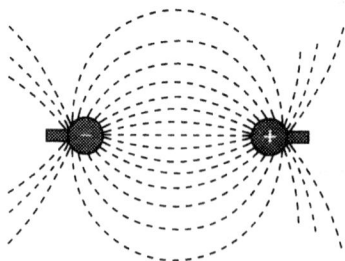

图 1-1-4 用实验模拟的电场线

从图1-1-5中可以看出电力线的特征如下：

(1)电力线总是起始于正电荷(或无穷远)，终止于负电荷(或无穷远)，它不是闭合曲线。

(2)电力线可以大致表示电场强弱：电力线越密，电场越强；电力线越稀，电场越弱。

(3)任何两条电力线都不会相交。

注意：

电力线的形状虽然可以用实验模拟，但电力线并不是电场里实际存在的线，而是形象地描绘电场假想的曲线。

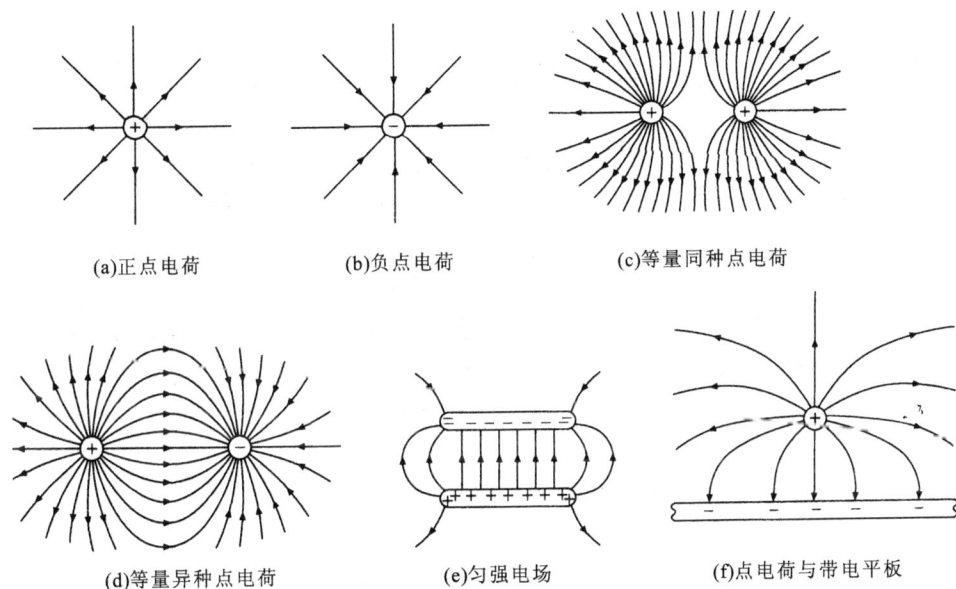

(a)正点电荷　　　　　(b)负点电荷　　　　　(c)等量同种点电荷

(d)等量异种点电荷　　　(e)匀强电场　　　　(f)点电荷与带电平板

图1-1-5　几种常见的电力线

1.1.5　基础知识三：发电与输送电设备

1.1.5.1　电的传输过程认知

电从发电厂传输到用户一般要历经发电厂、升压变电站、高压输电线、降压变电站、配电变压器、用户等环节，如图1-1-6所示。

1.1.5.2　识别发电设备

发电设备能将其他形式的能转换为电能。常见的发电设备有水力发电设备、火力发电设备、风力发电设备、核能发电设备、太阳能发电设备以及小型的家用发电设备等。

1.水力发电设备

水力发电设备主要由蓄水大坝和水力发电机组组成，如图1-1-7和图1-1-8所示。水力发电机组最主要的是水轮机和发电机，水轮机是把水流的能量转化成机械能，而发电机是把机械能转化为电能。

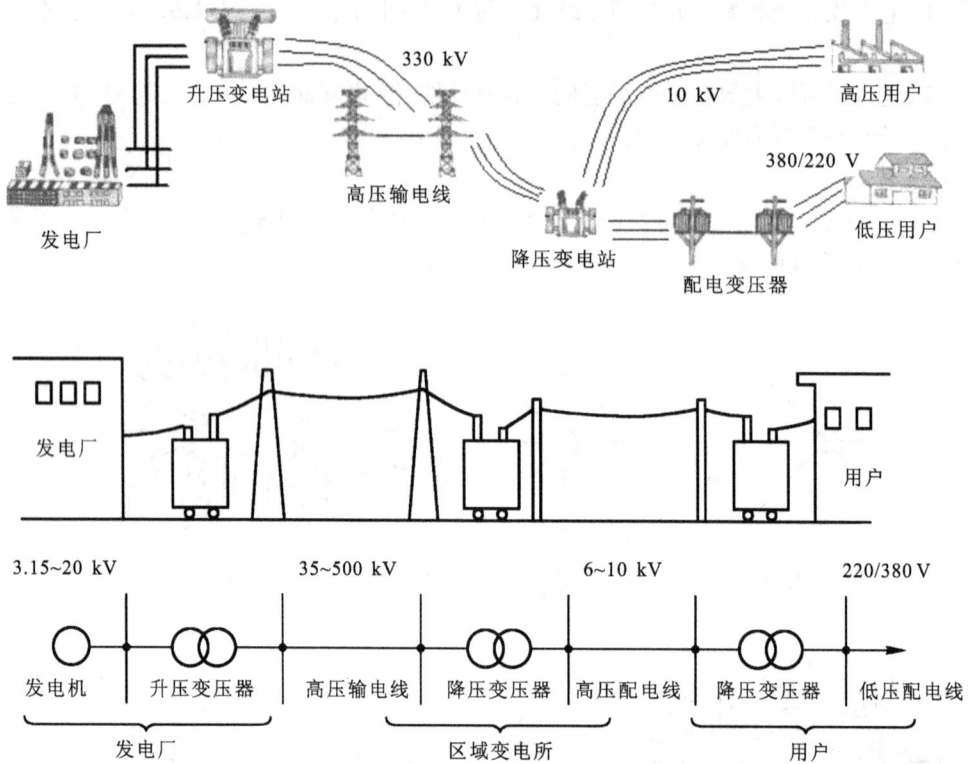

图1-1-6 电从发电厂传输到用户示意图

图1-1-7 三峡大坝

图1-1-8 三峡水力发电机组

2. 火力发电设备

火力发电设备利用燃料燃烧，将燃料的化学能转化为蒸汽的热能，将蒸汽通过管道供给汽轮机。汽轮机将高温高压的蒸汽的热能转化为机械能，带动发电机转子转动。发电机将机械能转化为电能。宁波北仑火力发电厂及发电机组如图1-1-9和图1-1-10所示。

图 1-1-9   宁波北仑火力发电厂

图 1-1-10   火力发电机组

3. 风力发电设备

风力发电设备主要是指风力发电机。它将风能转变为机械能，带动内部的发电机，发电机将机械能转变为电能。内蒙古草原风力发电厂及发电机组如图 1-1-11 和图 1-1-12 所示。

图 1-1-11   内蒙古草原风力发电厂

图 1-1-12   风力发电机组

4. 核能发电设备

核能发电设备利用核反应堆中核裂变所释放出的热能进行发电。它与火力发电极其相似。只是以核反应堆及蒸汽发生器来代替火力发电的锅炉，以核裂变能代替矿物燃料的化学能。秦山核电站及发电机组如图 1-1-13 和图 1-1-14 所示。

图 1-1-13   秦山核电站

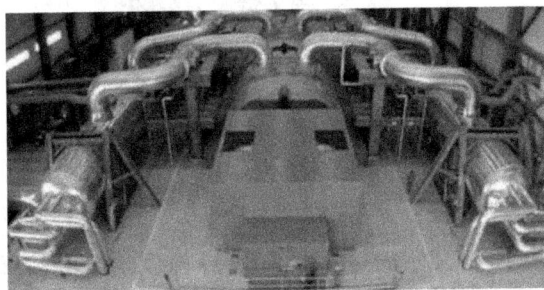

图 1-1-14   核电站发电机组

5.太阳能发电设备

太阳能发电设备是一种用可再生能源——太阳能来发电的,它利用把太阳能转换为电能的光电技术来工作的。主要由太阳能电池板和逆变设备构成,太阳能电池板将太阳能转变为直流电压输出,逆变设备将直流电变为交流电输送到电网或用电设备。太阳能电站及太阳能电池板如图1-1-15和图1-1-16所示。

图1-1-15　太阳能电站

图1-1-16　太阳能电池板

6.小型发电机

小型发电机主要有柴油发电机和汽油发电机。柴油发电机与汽油发电机的最大区别在于点火装置与燃油系统的不同。柴油发电机是压燃式内燃机,它使用一个喷油泵以及若干个喷油嘴;而汽油发电机有一个汽化器、一个分配器以及若干个火花塞。柴油发电机与汽油发电机也有很多相似的地方。柴油发电机与汽油发电机的外观区别不大。柴油发电机的内部部件也与汽油发电机的相似,但柴油发电机内部的大多数部件比汽油发电机的更结实和更沉重,这是由于柴油发电机要承受机内更大的压力。一般汽油发电机更轻便。柴油发电机与汽油发电机如图1-1-17和图1-1-18所示。

图1-1-17　柴油发电机

图1-1-18　小型汽油发电机

1.1.5.3　识别输电设备

输电设备将电能从发电厂输送到用户,主要由输电铁塔、输电电线杆、输电线路和变电站等构成,如图1-1-19、图1-1-20和图1-1-21所示。发电厂输出的电能通过输电铁塔上的架空线进行输送,远距离输电都采用高压输电,然后通过变电站将高压电变成市电,通过输电电线杆输送到用户。

图1-1-19 输电铁塔

图1-1-20 输电电线杆

图1-1-21 小型变电站

1.1.6 技能实训：识别发电与输送电设备

1.1.6.1 实训目的
(1)认识常见发电设备。
(2)认识常见输送电设备。

1.1.6.2 实训器材
发电与输送电设备图片资料。

1.1.6.3 实训内容与步骤
(1)在教师组织带领下参观电工实验室，观看发电和输送电设备的图片资料。
(2)有条件的可参观发电厂和变配电站。

1.1.6.4 实训考核
识别发电与输送电设备考核评价如表1-1-1所示。

表1-1-1　识别发电与输送电设备考核评价表

评价内容		配分	考核点	备注
职业素养与操作规范 （30分）		2	能做好操作前准备	出现明显失误造成贵重元件或仪表、设备损坏等安全事故；严重违反实训纪律，造成恶劣影响的记0分
		3	操作过程中保持良好纪律	
		10	能按老师要求正确操作	
		5	能按正确操作流程进行实施，并及时记录数据	
		5	能保持实训场所整洁	
		5	任务完成后，整齐摆放工具及凳子、整理工作台面等并符合"6S"要求	
作品质量 （70分）	识别设备	30	①能正确识别发电设备； ②能正确识别输送电设备	
	知识掌握	40	①理解库仑定律； ②熟悉电场和电场强度	

1.1.6.5　实训小结

1. 简述发电设备的类型。

2. 简述电能是如何从发电厂输送到实训室的。

1.1.7　拓展提高：常用电池

人们在生产生活中经常应用电池，有些场合需要大电压或大电流，可以将电池串联或者并联使用。另外，电池种类也有很多，各有特点和应用场合。

电池分为原电池和蓄电池两种，它们是可以将化学能、光能等转变为电能的器件。原电池是不可逆的，即只能由化学能变为电能（称为放电），故又被称为一次电池；而蓄电池是可逆的，即既可由化学能转变为电能，又可由电能转变为化学能（称为充电），故又被称为二次电池。因此，蓄电池对电能有储存和释放功能。图1-1-22所示为一些常见电池的实物图。

1. 蓄电池

常用蓄电池有铅蓄电池、镍镉电池、镍氢电池、锂离子电池等。

铅蓄电池的优点：技术较成熟，易生产，成本低，可制成各种规格的电池。缺点是：比能量低（蓄电池单位质量所能输出的能量称为比能量），难以快速充电，循环使用寿命不够长，制成小尺寸外形比较难。

镍镉电池的优点：比能量高于铅蓄电池，循环使用寿命比铅蓄电池长，快速充电性能好，密封式电池长期使用免维护。缺点：成本高，有"记忆"效应。由于镉是有毒的，因此，废电池应回收。

镍氢电池的优点：电量储备比镍镉电池多30%，质量更轻，使用寿命也更长，并且对环境无污染，大大减小了"记忆"效应。缺点：价格高，性能不如锂离子电池好。

锂离子电池几乎没有"记忆"效应，且不含有毒物质，它的容量是同等质量的镍氢电池的1.5～2倍，而且具有很低的自放电率。因此，尽管锂离子电池的价格相对昂贵，仍被广

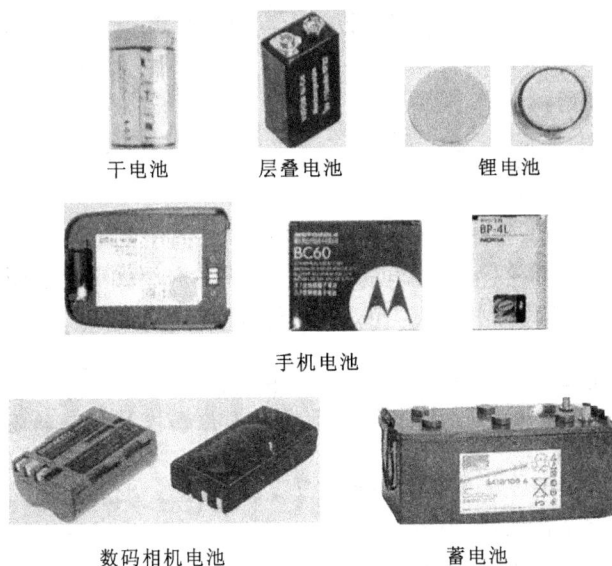

图 1 – 1 – 22　几种常用电池实物图

泛用于数码设备中。

2. 干电池

干电池的种类较多，但以锌锰干电池（即普通干电池）最为人们所熟悉，在实际应用中也最普遍。干电池的优点：成本低、技术成熟。缺点：无法循坏充电、利用率低。

3. 微型电池

微型电池是随着现代科学技术发展，尤其是随着电子技术的迅猛发展，为满足实际需要而出现的一种小型化的电源装置。它既可制成一次电池，也可制成二次电池，广泛应用于电子表、计算器、照相机等电子电器中。

微型电池分两大类：一类是微型碱性电池，品种有锌氧化银电池、汞电池、锌镍电池等，其中以锌氧化银电池应用最为普遍；另一类是微型锂离子电池，品种有锂锰电池、锂碘电池等，其中以锂锰电池最为常见。

4. 光电池

光电池是一种能把光能转换成电能的半导体器件。太阳能电池是普遍使用的一种光电池，采用材料以硅为主。通常将单晶体硅太阳能电池通过串联和并联组成大面积的硅光电池组，可用作人造卫星、航标灯以及边远地区的电源。

为了解决无太阳光时负载的用电问题，一般将硅太阳能电池与蓄电池配合使用。有太阳光时，由硅太阳能电池向负载供电，同时蓄电池充电；无太阳光时，由蓄电池向负载供电。

任务 1.2　安全用电

1.2.1　任务描述

随着经济的发展和人民生活水平的提高，生产和生活用电量越来越大。人们的衣食住行处处都有"电"的身影，我们正处在电的时代。本任务介绍如何避免触电事故和电气火灾的发生及如何进行触电急救和电气火灾的扑救，将危害降到最低。

1.2.2　任务目标

（1）掌握电流对人体的伤害和常见的触电方式。
（2）掌握触电原因及预防措施。
（3）会使用人工呼吸法进行触电急救。
（4）掌握电气火灾的防范措施及扑救方法。

1.2.3　基础知识一：触电常识

1.2.3.1　电流对人体的伤害

当人体某一部位接触到带电的导体（裸导线、开关、插座的铜片等）或触及绝缘损坏的用电设备时，人体便成为一个通电的导体，电流流过人体会造成伤害，这就是触电。

人体触电时，电流对人体伤害的主要因素是流过人体的电流大小。少量电流流过人体时，如 0.6 ~ 1.5 mA 的电流通过人体则人会有感觉，手指麻刺发抖。若大量电流 50 ~ 80 mA 通过人体会使人呼吸麻痹、心室开始颤动，会造成伤害，甚至死亡。因此，电工操作时，应特别注意安全用电、安全操作。

流过人体的电流与作用到人体上的电压和人体的电阻值有关。通常人体的电阻为 800 Ω 至几万欧不等。当皮肤出汗、有导电液或导电尘埃时，人体电阻将降低。若人体电阻以 800 Ω 计算，当触及 36 V 电源时，通过人体的电流值是 45 mA，对人体安全不构成威胁，所以，规定 36 V 及以下电压为安全电压。

电流对人体的作用是指电流通过人体内部对于人体的有害作用，如电流通过人体时会引起针刺感、压迫感、打击感、痉挛、疼痛乃至血压升高、昏迷、心律不齐、心室颤抖等症状。电流通过人体内部，对人体伤害的严重程度与通过人体电流的大小、持续时间、途径、种类及人体的状况等多种因素有关，特别是和电流大小与通电时间有着十分密切的关系。

1.2.3.2　安全电压

我国常用安全电压级别有 42 V、36 V、24 V、12 V 和 6 V 等，不同场合安全电压的选用不一样，表 1 - 2 - 1 所示即为常用安全电压级别及其适用场合。

表 1 - 2 - 1 常用安全电压级别及其适用场合

级别	适用场合
42 V	有触电危险的场所，如使用的移动家用电器、手持式电动工具等
36 V	潮湿场所，如矿井、地下室、地道、多导电粉尘及类似场所使用的电气线路照明灯及其他用电器具
24 V	工作面积狭窄，操作者易大面积接触带电体的场所，如锅炉、金属容器内、大型金属管道内
12 V	因工作需要，人体必须长期带电触及电气线路或设备的场所
6 V	水下作业等场所

1.2.3.3 常见的触电方式

常见触电方式有单相触电、两相触电和跨步电压触电。

1. 单相触电

人体的一部分接触带电体的同时，另一部分又与大地或中性线（零线）相接，电流从带电体流经人体到大地（或中性线）形成回路，这种触电称为单相触电，如图 1 - 2 - 1 所示。

2. 两相触电

人体的不同部位同时接触两相电源带电体而引起的触电称为两相触电，如图 1 - 2 - 1 所示。对于这种情况，无论电网中性点是否接地，人体所承受的线电压将比单相触电时高，危险性更大。

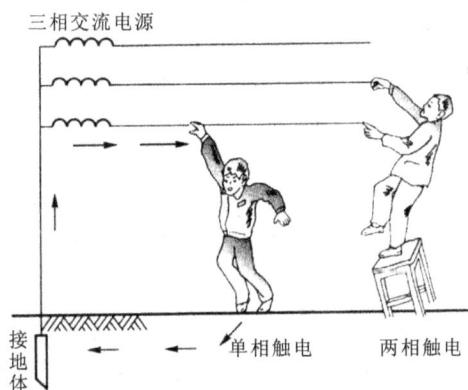

图 1 - 2 - 1 单相触电和两相触电

3. 跨步电压触电

雷电流入地时，或载流电力线（特别是高压线）断落到地时，会在导线接地点及周围形成强电场。其电位分布以接地点为圆心向周围扩散、逐步降低，而在不同位置形成电位差（电压），人、畜跨进这个区域，两脚之间将存在电压，该电压称为跨步电压。在这种电压作用下，电流从接触高电位的脚流进，从接触低电位的脚流出，这就是跨步电压触电，如图 1 - 2 - 2 所示。图中，坐标原点表示带电体接地点，横坐标表示位置，纵坐标负方向表示电位分布。U_{K1} 为人两脚之间的跨步电压，U_{K2} 为马两脚之间的跨步电压。

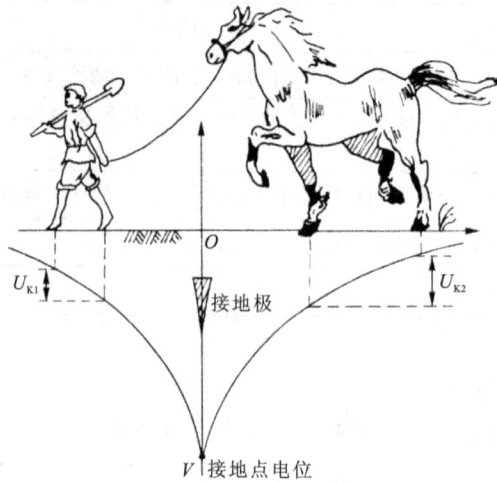

图 1-2-2 跨步电压触电

1.2.4 基础知识二：触电的原因及预防措施

触电包括直接触电和间接触电两种。直接触电指人体直接接触或过分接近带电体而触电；间接触电指人体触及正常时不带电而只在发生故障时才带电的金属导体。

1.2.4.1 触电的常见原因

触电的场合不同，引起触电的原因也不同。下面根据在工农业生产、日常生活中发生的不同触电事故，将常见触电原因归纳如下。

1. 线路架设不合规格

室内、外线路对地距离，导线之间的距离小于允许值；通信线、广播线与电力线间隔距离过近或同杆架设；线路绝缘破损；有的地区为节省电线而采用一线一地制送电等。

2. 电气操作制度不严格、不健全

带电操作时没有采取可靠的安保措施；不熟悉电路和电器而盲目修理；救护已触电的人时自身未采取安全保护措施；停电检修时未挂警告牌；检修电路和电器时使用不合格的绝缘工具；人体与带电体过分接近又无绝缘措施或屏护措施；在架空线上操作时未在相线上加临时接地线（零线）；无可靠的防高空跌落措施等。

3. 用电设备不合要求

电气设备内部绝缘层损坏，金属外壳又未加保护措施或保护接地线太短、接地电阻太大；开关、闸刀、灯具、携带式电器绝缘外壳破损，失去防护作用；开关、熔断器误装在中性线上，一旦断开，就使整个线路和设备带电。

4. 用电不谨慎

违反布线规程，在室内乱拉电线；随意加大熔断器熔丝的规格；在电线上或电线附近晾晒衣物；在电杆上拴牲口；在电线（特别是高压线）附近打鸟、放风筝；未断开电源就移动家用电器；打扫卫生时，用水冲洗或用湿布擦拭带电电器或线路等。

1.2.4.2　预防触电的措施

1. 预防直接触电的措施

(1) 绝缘措施。

用绝缘材料将带电体封闭起来的措施称为绝缘措施。良好的绝缘是保证电气设备和线路正常运行的必要条件，是防止触电事故的重要措施。

(2) 屏护措施。

采用屏护装置将带电体与外界隔绝开来，以杜绝不安全因素的措施称为屏护措施。常用的屏护装置有遮栏、护罩、护盖、栅栏等。常用电器的绝缘外壳、金属网罩、金属外壳、变压器的遮栏、栅栏等都属于屏护装置。凡是金属材料制作的屏护装置，应妥善接地或接零。

(3) 间距措施。

为防止人体触及或过分接近带电体，为避免车辆或其他设备碰撞或过分接近带电体，为防止火灾、过电压放电及短路事故，为操作的方便，在带电体与地面之间、带电体与带电体之间、带电体与其他设备之间，均应保持一定的安全间距，称为间距措施。安全间距的大小取决于电压的高低、设备的类型、安装的方式等因素。导线与建筑物的最小距离如表 1-2-2 所示。

表 1-2-2　导线与建筑物的最小距离

线路电压/kV	1.0 以下	10.0	35.0
垂直距离/m	2.5	3.0	4.0
水平距离/m	1.0	1.5	3.0

2. 预防间接触电的措施

(1) 加强绝缘措施。

对电气线路或设备采取双重绝缘，加强绝缘或对组合电气设备采用共同绝缘称为加强绝缘措施。采用加强绝缘措施的线路或设备绝缘牢靠，难于损坏，即使工作绝缘损坏后，还有一层加强绝缘，不易发生因带电金属导体裸露而造成的间接触电。

(2) 电气隔离措施。

采用隔离变压器或具有同等隔离作用的发电机，使电气线路和设备的带电部分处于悬浮状态称为电气隔离措施。即使该线路或设备工作绝缘损坏，人站在地面上与之接触也不易触电。

应注意的是：被隔离回路的电压不得超过 500 V，其带电部分不得与其他电气回路或大地相连，才能保证其隔离要求。

(3) 自动断电措施。

在带电线路或设备上发生触电事故或其他事故(短路、过载、欠压等)时，在规定时间内，能自动切断电源而起保护作用的措施称为自动断电措施。如漏电保护、过流保护、过压或欠压保护、短路保护、接零保护等均属自动断电措施。

3. 保护接地与保护接零措施

（1）保护接地。

电气设备的金属外壳都是与内部的带电部分绝缘的。在正常情况下金属外壳不带电，一旦金属外壳与内部带电体之间的绝缘损坏，就会导致金属外壳带电，人接触它便会触电。为了预防这类触电事故的发生，保护人身安全，在技术上采用将电气设备的金属外壳以及与外壳相连的金属构架与大地做可靠的电气连接的措施，这就是安全用电中的保护接地。

保护接地主要应用在中性点不接地的电力系统中。

保护接地是怎样实现保护人身安全的呢？

如果是一台没有保护接地装置的电动机，当它的内部绝缘损坏致使外壳带电时，人体一旦接触，接地电流 I_d 通过人体和电网的对地绝缘阻抗形成回路，如果各相对地绝缘阻抗相等，则漏电流 I_d 和设备对地电压 U_d（即人体触及电压）为 $U_d = I_d R_r$（R_r 指人体电阻），从而发生人体触电事故，如图 1-2-3 所示。

为解决上述可能出现的危险性，可采取图 1-2-4 所示的保护接地措施。

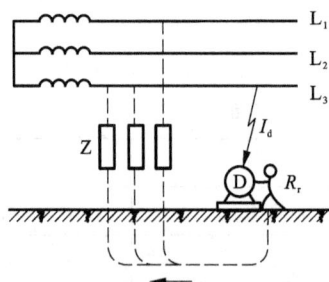

图 1-2-3 中性点不直接接地的供电系统危险性

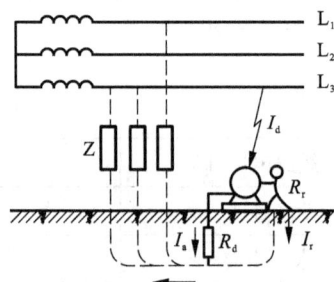

图 1-2-4 保护接地措施

由于 R_d 和 R_r 是并联，而且 $R_d \ll R_r$，此时可以认为通过人体的电流 I_r 很小。只要能控制 R_d 很小，就可以把漏电设备的对地电压控制在安全范围之内，而且 I_d 被 R_d 分流，流过人体的电流 I_r 很小，降低了操作人员的触电危险性，保护了人身安全。

（2）保护接零。

保护接地要求必须有一个接地良好的导电系统，这对一般的家庭和小型单位是有难度的，所以在实际中多采用电气安全的另一种措施——保护接零。

保护接零适用于 380/220 V 的三相四线制中性点接地的供用电系统。它的保护原理如图 1-2-5 所示。它与保护接地的区别是，电气设备的金属外壳不直接接地，而是与供用电系统（即三相四线制系统）的中性线相接。当电气设备绝缘损坏，金属

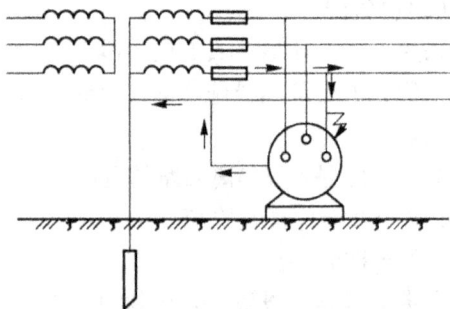

图 1-2-5 保护接零

外壳带电时,由于保护接零的导线电阻很小,相当于对中性线短路,这种很大的短路电流将使线路的保护装置迅速动作,切断电路,既保护了人身安全又保护了设备安全。从并联电路角度看:当人体接触漏电的金属外壳时,人体与保护接零线和电气系统的接地装置构成两条并联电路,由于接零装置电阻极小(一般接近于4 Ω),而人体电阻大于500 Ω,从并联分流的原理看,大量电流通过接零装置流到了大地,而通过人体电阻的电流极小,也没有触电感觉。

(3)保护接地与保护接零的比较。

1)相同点。

①都属于用来预防电气设备金属外壳带电而采取的保护措施。

②适用的电气设备基本相同。

③都要求有一个良好的接地装置。

2)区别。

①保护接地适用于中性点不接地的高、低压供电系统,保护接零适用于中性点接地的低压供用电系统。

②线路连接不同。保护接地的接地线直接与接地系统相连,保护接零线则直接与电网的中性线连接,再通过中性线接地。

③保护接地要求每个电器都要接地,保护接零只要求三相四线制系统的中性点接地。

1.2.5　基础知识三:触电急救

在电气操作和日常用电中,如果采取了有效的预防措施,会大幅度减少触电事故,但要绝对避免事故是不可能的。因此,在电气操作和日常用电中,必须做好触电急救的思想和技术准备。

1.2.5.1　触电的现场抢救措施

1.使触电者尽快脱离电源

使触电者迅速脱离电源是现场抢救极其重要的一环,触电时间越长,对触电者的危害就越大。脱离电源最有效的措施是断开电源开关、拔掉电源插头或熔断器,在一时来不及的情况下,可用干燥的绝缘物拔开或隔开触电者身上的电线。

(1)低压触电事故采取的断电措施。

如果触电地点附近有电源开关(刀闸)或插座,可立即拉掉开关(刀闸)或拔出插头来切断电源,如图1-2-6(a)所示。

如果找不到电源开关(刀闸)或距离太远,可用有绝缘套的钳子或用带木柄的斧子切断电源线,如图1-2-6(b)所示。

当无法切断电源线时,可用干燥的衣服、手套、绳索、木板等绝缘物,拉开触电者,使其脱离电源,如图1-2-6(c)所示。

当电线搭在触电者身上或被压在身下时,可用干燥的木棒等绝缘物作为工具挑开电线,使触电者脱离电源,如图1-2-6(d)所示。

(2)高压触电事故采取的断电措施。

如触电事故发生在高压设备上,应立即通知供电部门停电。戴上绝缘手套,穿上绝缘

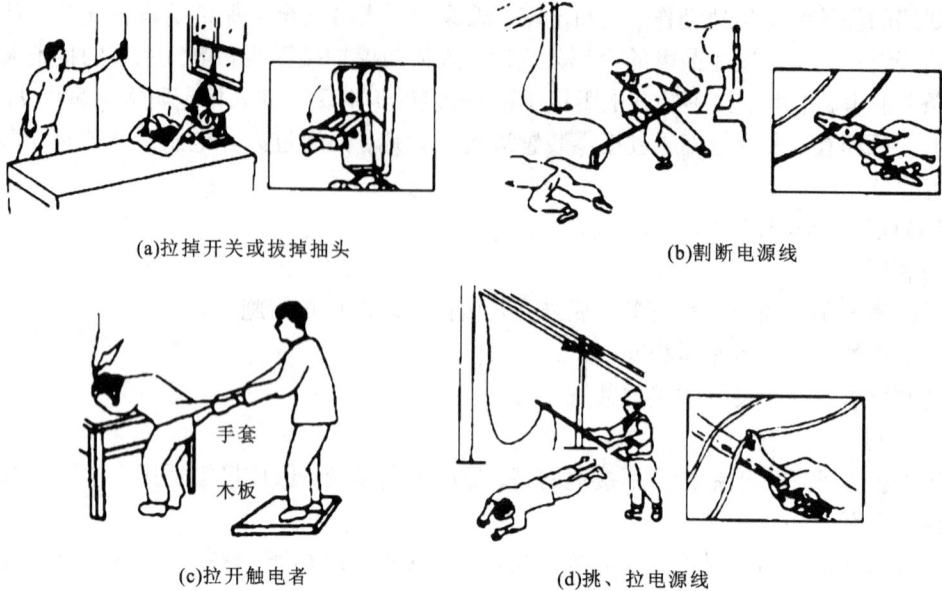

(a)拉掉开关或拔掉抽头　　　　　　　　　　(b)割断电源线

(c)拉开触电者　　　　　　　　　　(d)挑、拉电源线

图 1 - 2 - 6　断电操作

鞋,并用相应电压等级的绝缘工具拉掉开关。若不能迅速切断电源开关,可采用抛挂截面足够大、长度适当的金属裸线短路方法,使电源开关跳闸。抛挂前,将短路线一端固定在铁塔或接地引线上,另一端系重物,在抛掷短路线时,应注意防止电弧伤人或断线危及其他人员安全。

2. 脱离电源后的初步判断和处理

触电者脱离电源后,迅速将其安放在通风、凉爽、明亮的地方,让其仰卧,松开衣服及裤带。观察其被电流伤害的情况,根据不同症状采取不同的救治方法。其症状的判断方法及处理思路如表 1 - 2 - 3 所示。

1.2.5.2　人工呼吸法

根据触电者的不同症状,可选用口对口人工呼吸法、胸外心脏压挤人工呼吸法,甚至两种方法并用。

1. 口对口人工呼吸法

人工呼吸的目的,是用人工的方法来代替肺的呼吸活动,人工呼吸的方法很多,其中口对口吹气的人工呼吸法最为简便有效,也易掌握和传授。具体做法如下:

(1)首先把触电者移到空气流通的地方,最好放在平直的木板上,使其仰卧,头部尽量后仰。先把头侧向一边,掰开嘴,清除口腔中的杂物等。如果舌根下陷应将其拉出,使呼吸道畅通。同时解开衣领,松开上身的紧身衣服,使胸部可以自由扩张,如图 1 - 2 - 7(a)所示。

(2)抢救者位于触电者的一侧,用一只手捏紧触电者的鼻孔,另一只手掰开口腔,深呼吸后,以口对口紧贴触电者的嘴唇吹气,使其胸部膨胀,如图 1 - 2 - 7(b)所示。

表 1 - 2 - 3　判断触电者症状的方法及处理思路

症状	判断方法	处理思路	图示
呼吸是否存在	观察胸、腹部有无起伏动作。如果不明显，可用小纸条靠近触电者鼻孔，根据小纸条是否摆动判断有无呼吸	如果有呼吸，但感觉头晕、乏力、心悸、出冷汗甚至呕吐，可让其静卧休息。如果神智断续清醒，出现昏迷，应立即请医生治疗。如果呼吸微弱或丧失，应进行口对口人工呼吸	 观察伤情
脉搏是否跳动	用耳朵贴近触电者心区，听有无心脏跳动的声音；或者用手指接触颈动脉或股动脉，感知是否有搏动。因颈动脉和股动脉位置较浅，搏动幅度大，容易感知	对心跳较正常者，可让其静卧休息。对心跳微弱、不规则或已经停止者，在请医生的同时，应用"胸外心脏压挤人工呼吸法"救治	 探测颈动脉的搏动
瞳孔是否放大	瞳孔是受大脑控制的一个自动调节大小的光圈，如果大脑工作正常，瞳孔可根据外界光线的强弱自动调节大小。处于死亡边缘或已经死亡的人，大脑中枢神经已失去对瞳孔的控制，所以瞳孔会自然放大	如瞳孔正常、呼吸尚存，可让其静卧休息。如瞳孔已经放大，应用口对口人工呼吸法和胸外心脏压挤人工呼吸法同时进行施救	 瞳孔正常　瞳孔放大 比较瞳孔

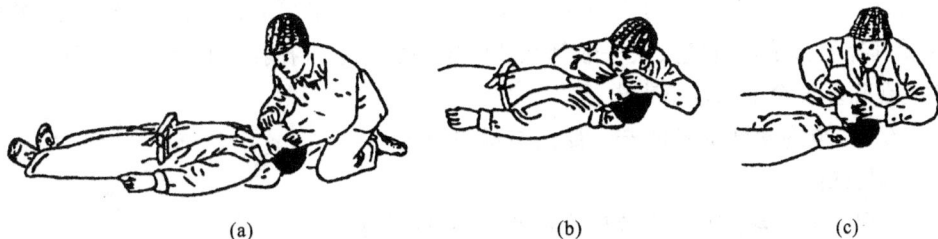

图 1 - 2 - 7　口对口人工呼吸法

（3）然后放松触电者的口鼻，使其胸部自然回复，让其自动呼气，时间约 3 s，如图 1 - 2 - 7(c)所示。

按照上述步骤反复循环进行，成年人每分钟约 14~16 次，约 5 s 一个循环，吹气约 2 s，换气约 3 s。对儿童应每分钟约 18~24 次，而且吹气量不能太大，也不捏鼻孔。如果触电者张口有困难，可用口对准其鼻孔吹气，其效果与上面方法相近。

2. 胸外心脏压挤人工呼吸法

胸外心脏压挤人工呼吸法是用人工胸外挤压代替心脏的收缩作用，此法简单易学，效果好，不需设备，易于普及推广。具体做法如下：

(1)使触电者仰卧在平直的木板上或平整的硬地面上，姿势与进行人工呼吸时相同，但后背应实实在在着地，抢救者跨在触电者的腰部两侧，如图 1-2-8(a)所示。

(2)抢救者两手相叠，用掌根置于触电者胸部下端部位，即中指尖部置于其颈部凹陷的边缘，掌根所在的位置即为正确挤压区。然后自上而下直线均衡地用力挤压，使其胸部下陷 3~4 cm 左右，以压迫心脏使其达到排血的作用，如图 1-2-8(b)(c)所示。

(3)使挤压到位的手掌突然放松，但手掌不要离开胸壁，依靠胸部的弹性自动回复原状，使心脏自然扩张，大静脉中的血液就能回流到心脏中来，如图 1-2-8(d)所示。

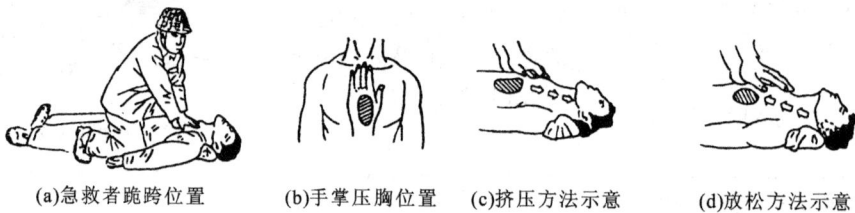

(a)急救者跪跨位置　　　(b)手掌压胸位置　　　(c)挤压方法示意　　　(d)放松方法示意

图 1-2-8　胸外心脏压挤人工呼吸法

按照上述步骤连续不断地进行，每分钟约 80 次。挤压时定位要准确，压力要适中，不要用力过猛，以免造成肋骨骨折、气胸、血胸等危险。但也不能用力过小，用力过小则达不到挤压目的。

1.2.6　基础知识四：电气火灾的扑救

电气设备发生火灾时，为了尽快扑灭火灾又要防止触电事故，需要了解电气火灾的产生原因及其扑救方法。电气火灾一般都在切断电源后才进行扑救。只有实在无法切断电源时，才能在确保安全的条件下带电灭火。

1.2.6.1　常见电气火灾的产生原因与预防措施

1. 常见原因

(1)线路、设备老化或使用规格不符产生漏电或短路。

(2)线路和设备超负荷运行。

(3)线路接触电阻过大产生高热或存在间歇，形成电火花。

(4)电气保护装置规格不符或损坏失去保护作用。

2. 预防措施

(1)按照规范要求设计、施工，保证电工器材质量和安装质量。

（2）对早期的线路和产品及时改造换新。

（3）加强电气运行的巡视和监控。

（4）推广使用电气运行的漏电保护、遥测与预警等技术和相应产品。

1.2.6.2　电气火灾的扑救方法

发生电气火灾时，为了尽快扑灭火灾以减小损失，又要防止触电事故，通常要求在切断电源后进行。

有时在危急的情况下，如等待切断电源后再进行扑救，就会有使火势蔓延扩大的危险，或者断电后会严重影响生产。这时为了取得扑救的主动权，扑救就需要在带电的情况下进行。带电灭火时应注意以下几点。

（1）必须在确保安全的前提下进行，应用不导电的灭火剂如二氧化碳、1211、干粉等进行灭火。不能直接用导电的灭火剂如直射水流、泡沫等进行喷射，否则会造成触电事故。

（2）使用小型二氧化碳、1211、干粉灭火器灭火时，由于其射程较近，要注意保持一定的安全距离。

（3）如遇带电导线落于地面，则要防止跨步电压触电，扑救人员需要进入灭火时，必须穿上绝缘鞋、戴上绝缘手套。

在电气火灾的扑救中，关键是怎样正确使用不导电的灭火器，表 1-2-4 简略介绍了这几种灭火器的使用常识。

表 1-2-4　扑救电气火灾常用灭火器的使用常识

种类	用途与维护	使用方法	图示
二氧化碳灭火器	扑灭 600 V 及以下的线路、电器以及油脂、仪器仪表、贵重物品和设备火灾 每 3 个月检查一次，一旦重量减少到新品的 1/10 时应补充二氧化碳	一只手提把手，另一只手拔去铅封和鸭嘴根部的保险销，顺势用这只手紧压鸭嘴上的压把，气体即可自动喷出，将喷嘴对准火源，即可灭火。松开压把，即可关闭	 拆出铅封
干粉灭火器	扑灭液体或气体燃烧时的火灾，如有机溶剂、石油制品、油漆、天然气及电气线路和设备的初期火灾 一年检查一次干粉，半年检查一次小钢瓶，干粉受潮和结冰时需更换，钢瓶气压减少 1/10 时应充气	拔去铅封和保险销，将喷嘴对准火焰根部，压下压把，以钢瓶中高压二氧化碳气体为动力，将绝缘粉末喷射并覆盖在燃烧物上，使其与空气隔绝以实现灭火。松开压把，停止喷射	 拔出保险销

续表 1 - 2 - 4

种类	用途与维护	使用方法	图示
1211 灭火器	扑灭油类、仪器仪表、机械设备、文物、档案等物品火灾。特点是灭火速度快、对灭火对象无污染 每 3 年检查一次，观察其计量表或检测重量，若计量表减少至新品的警戒线以下或重量减少到新品的 60%，应充液	将灭火器钢瓶垂直，不可水平和倾斜，拔去铅封和保险销后，一只手紧握压把，另一只手握喷管，灭火剂就会自动喷出，射向火源。松开压把，停止喷射。这种灭火剂会破坏大气中的臭氧、空气中超过 5% 的含量会使人中毒，所以使用时要小心，灭火者应选择火源的上风位置	 喷射灭火器

1.2.7　技能实训：触电急救

1.2.7.1　实训目的
(1)掌握触电的现场抢救措施。
(2)掌握人工呼吸的操作方法。

1.2.7.2　实训器材
触电模拟人一个及配套设备。

1.2.7.3　实训内容与步骤
两人分成一组，进行口对口人工呼吸法和胸外心脏压挤人工呼吸法的急救练习。
(1)判断触电者的意识，用手指掐压触电者人中穴。
(2)放好体位，大声呼救。
(3)畅通气道，用看听试等方法判断有无呼吸。
(4)如无呼吸，采用口对口人工呼吸法抢救。
(5)判断脉搏，如无脉搏，在胸外按压位置叩击 1 ~ 2 次，再次判断有无脉搏。
(6)如仍无脉搏，采用胸外心脏压挤人工呼吸法，按压 15 次，再吹气 2 次。

1.2.7.4　实训考核
触电急救考核评价如表 1 - 2 - 5 所示。

1.2.7.5　实训小结
(1)议一议口对口人工呼吸法的操作要领。
(2)议一议胸外心脏压挤人工呼吸法的操作要领。

表 1-2-5　触电急救考核评价表

评价内容	配分	考核点	备注
职业素养与操作规范（30分）	2	能做好操作前准备	出现明显失误造成贵重元件或仪表、设备损坏等安全事故；严重违反实训纪律，造成恶劣影响的记0分
	3	操作过程中保持良好纪律	
	10	能按老师要求正确操作	
	5	能按正确操作流程进行实施，并及时记录数据	
	5	能保持实训场所整洁	
	5	任务完成后，整齐摆放工具及凳子、整理工作台面等并符合"6S"要求	
作品质量（70分）　功能	40	①能安全进行断电操作；②能按正确步骤进行触电急救	
指标	30	①触电现场急救操作规范；②急救效果明显	

1.2.8　拓展提高：电工安全操作规程

熟练掌握电工安全操作的各项规定，了解电工生产岗位责任制，学会文明生产。

1. 电工安全操作技术方面的有关规定

（1）工作前必须检查工具、测量仪表和防护用具是否完好。

（2）任何电气设备内部未经验明无电时，一律视为有电，不准用手触及。

（3）不准在运行中拆卸修理电气设备。检修时必须停车，切断电源，并验明无电后，方可取下熔体（丝），挂上"禁止合闸，有人工作"的警示牌。

（4）在总配电盘及母线上进行工作时，在验明无电后应接临时接地线，装拆接地线都必须由值班电工进行。

（5）临时工作中断后或每班开始工作时，都必须重新检查电源确已断开，并验明无电。

（6）必须在低压配电设备上进行带电工作时，要经领导批准，并要有专人监护。

（7）工作时要戴安全帽，穿长袖衣服，戴绝缘手套，使用绝缘的工具，并站在绝缘物上进行操作。邻相带电部分和接地金属部分应用纸板隔开。带电工作时，严禁使用锉刀、钢尺等金属工具进行工作。

（8）禁止带负载操作动力配电箱中的刀开关。

（9）电气设备的金属外壳必须接地（接零），接地线要符合标准，不准断开带电设备的外壳接地线。

（10）拆除电气设备或线路后，对可能继续供电的线头必须立即用绝缘布包好。

（11）安装灯头时，开关必须接在相线上，灯头（座）螺纹端必须接在零线上。

（12）对临时装设的电气设备，必须将金属外壳接地。严禁将电动工具的外壳接地线和工作零线接在一起插入插座。必须使用两线带地或三线插座时，可以将外壳接地线单独接到干线的零线上，以防接触不良引起外壳带电。

（13）动力配电盘、配电箱、开关、变压器等各种电气设备附近，不准堆放各种易燃、易爆、潮湿和其他影响操作的物件。

（14）熔断器的容量要与设备和线路安装容量相适应。

（15）使用一类电动工具时，要戴绝缘手套，并站在绝缘垫上。

（16）当电气设备发生火灾时，要立刻切断电源，然后使用"1211"灭火器或二氧化碳灭火器灭火，严禁用水或泡沫灭火器灭火。

2. 安全检查的有关规定

（1）为了防止触电事故的发生，应定期检查电工工具及防护用品，如：绝缘鞋、绝缘手套等的绝缘性能是否良好，是否在有效期内，如有问题，应立即更换。

（2）在安装或维修电气设备前，要清扫工作场地和工作台，防止灰尘等杂物侵入而造成故障。

（3）在维修操作时，应及时悬挂安全牌，应严格遵守停电操作的规定。做好防止突然送电的各项安全措施。检查维修线路时，首先应拉下闸刀开关，然后再用验电笔测量刀开关下端头，确认无电后，应立即悬挂"禁止合闸，线路有人工作"的警示牌，然后才能进行操作检查。

（4）在高压电气设备或线路上工作时，必须要有保证电工安全工作的制度，如：工作票制度，操作票制度，工作许可制度，工作监护制度，工作间断，转移和终结制度等。

3. 文明生产方面的有关规定

文明生产对保障电气设备及人身的安全至关重要，因而每一位电工都应学会文明生产。文明生产主要包括以下内容：

（1）对工作要认真负责，对机器设备、工具、原材料等要极为珍惜，具有较高的道德风尚和高度的主人翁责任感。

（2）要熟练掌握电工基本操作技能，熟悉本岗位工作的规章制度和安全技术知识。

（3）具有较强的组织纪律观念，服从领导的统一指挥。

（4）工作现场应经常保持整齐清洁，环境布置合乎要求，工具摆放合理整齐。

（5）电工工具、电工仪表及电工器材的使用应符合规程的要求。

（6）工作要有计划、有节奏地进行，在对重要的电气设备进行维修工作或登高作业时，施工前后均应清点工具及零件，以免遗漏在设备内。

任务 1.3 同步练习

1.3.1 填空题

1. 自然界中只有____、____两种电荷。电荷间存在____力，同种电荷互相_____，异种电荷互相_____。

2. 在正电荷 Q 产生的电场中的 P 点，放入检验电荷 $q = 5 \times 10^{-9} C$，它受到的电场力为 10^{-8} N，则 P 点的场强大小是_____，方向是_____；将检验电荷从 P 点取走，P 点的场强大小是_____，方向是_____。

3. 电从发电厂传输到用户一般要历经发电厂、_____、高压输电线、_____、配电变压器、用户等环节。

4. 常见的触电方式有_____触电、_____触电和_____触电。

5. 保护接地适用于_____供用电系统，保护接零适用于_____供用电系统。

1.3.2　选择题

1. 在真空中有两个电荷量都是 q 的点电荷，它们相距 r 时，库仑力为 F，要使库仑力变为 $0.25F$，则只需(　　)。

A. 使每个点电荷的电荷量变为 $2q$ 　　　B. 使每个点电荷的电荷量变为 $4q$

C. 使两个点电荷间的距离变为 $2r$ 　　　D. 使两个点电荷间的距离变为 $4r$

2. 在电场中 P 点放一点电荷 $-q$，它所受电场力为 F，关于 P 点场的正确说法是(　　)。

A. $E_P = F/q$，方向与 F 相同 　　　B. 若取走 $-q$，$E_P = 0$

C. 若点电荷变为 $-2q$，则 $E_P' = 2E_P$ 　　　D. E_P 与检验电荷无关

3. 人体的一部分接触带电体的同时，另一部分又与大地或中性线(零线)相接，电流从带电体流经人体到大地(或中性线)形成回路，这种触电称为(　　)。

A. 单相触电 　　　B. 两相触电 　　　C. 跨步电压触电

4. 下列说法不正确的是(　　)。

A. 保护接地与保护接零都属于用来预防电气设备金属外壳带电而采取的保护措施

B. 保护接零适用于中性点不接地的高、低压供用电系统，保护接地适用于中性点接地的低压供用电系统

C. 线路连接不同。保护接地的接地线直接与接地系统相连，保护接零线则直接与电网的中性线连接，再通过中性线接地

D. 保护接地要求每个电器都要接地，保护接零只要求三相四线制系统的中性点接地

1.3.3　综合题

1. 两个点电荷 A、B，$q_A = 4 \times 10^{-6}$C，$q_B = -6 \times 10^{-6}$C，A、B 间的距离 $r = 0.2$ m，求 A、B 间的相互作用力的大小。若 A、B 间的距离变为 0.4 m 时，A、B 间的作用力又是多少？

2. 真空中有两个点电荷相互吸引，其引力大小为 1.8×10^{-4}N，其中一个点电荷的电荷量为 4×10^{-9}C，两个点电荷间的距离是 10^{-3}m，求另一个点电荷的电荷量。

3. 检验电荷 $q = 2 \times 10^{-8}$C，在电场中某点受到 100 N 的电场力，求该点的电场强度。若将检验电荷的电荷量减少后放在该点，受到 50 N 电场力，检验电荷电荷量减了多少？

4. 在 $+Q$ 产生的电场中有一点 P，检验电荷 $q = 5 \times 10^{-9}$C 在 P 点受电场力 $F = 25$ N，求 P 点场强 E。若将 $q' = -2 \times 10^{-9}$C 的检验电荷放在 P 点，求其所受电场力的大小和方向。

5. 试比较保护接地与保护接零的相同点与不同点。

6. 简述口对口人工呼吸法的操作要领。

7. 简述胸外心脏压挤人工呼吸法的操作要领。

8. 简述二氧化碳灭火器、干粉灭火器和 1211 灭火器的操作要领。

项目 2　常用电工工具及万用表的使用

项目描述

　　电工工具是电工操作人员的常备工具，万用表是进行电路参数检测的常用仪表，掌握电工工具和万用表的使用方法，是提高工作效率、工作质量和自身安全的基础。本项目通过两个任务的实施，让读者获得如下知识和技能：了解常用电工工具和万用表的结构和性能；会使用常用电工工具；会使用万用表测量电压、电流、电阻等电路的电参数。

项目任务

任务 2.1　常用电工工具的使用

2.1.1　任务描述

　　常用电工工具指一般专业电工人员都要使用的常备工具。作为一名电工操作人员，掌握常用工具的结构、性能和使用方法，是提高工作效率、工作质量和自身安全的基础。本任务介绍常用电工工具的结构和使用方法。

2.1.2　任务目标

　　(1)了解常用电工工具的外形、结构。
　　(2)会选用合适的电工工具进行规范操作。

2.1.3　基础知识：常用电工工具

2.1.3.1　测电笔

　　测电笔为低压电器，是检验线路和设备是否带电的工具，其检测电压范围为 60～500 V。测电笔分为钢笔式和螺丝刀式两种，如图 2－1－1 所示。

(a)钢笔式　　　　　　　　　　　　(b)螺丝刀式

图 2 - 1 - 1　测电笔

测电笔使用方法如图 2 - 1 - 2 所示，使用测电笔时，人手接触测电笔顶端的金属。使用测电笔要使氖管小窗背光，以便看清它测出带电体带电时发出的红光。笔握好以后，一般用大拇指和食指触摸顶端金属，用笔尖去接触测试点，并同时观察氖管是否发光。如果测电笔氖管发光微弱，切不可就断定带电体电压不够高，也许是测电笔或带电体测试点有污垢，也可能测试的是带电体的地线，这时必须擦干净测电笔或者重新选测试点。反复测试后，氖管仍然不亮或者微亮，才能最后确定测试体确实不带电。

每次使用测电笔前，应先在有电的带电体上试验，检查其是否能正常验电，以免因氖管损坏，在检验中造成误判，危及人身或设备安全。

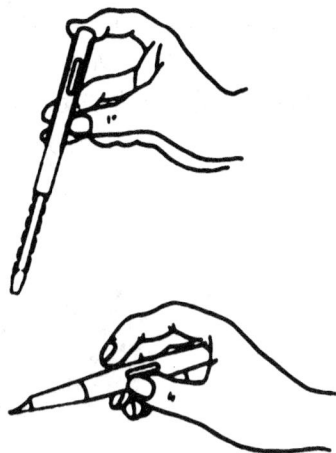

图 2 - 1 - 2　测电笔使用方法

2.1.3.2　螺丝刀

螺丝刀又称"起子"，螺钉旋具，是用来拆卸或紧固螺钉的工具。螺丝刀可分为一字形螺丝刀和十字形螺丝刀，其外形如图 2 - 1 - 3 所示。

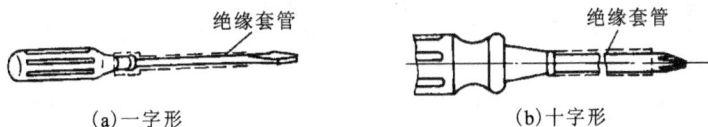

(a)一字形　　　　　　　　　　　　(b)十字形

图 2 - 1 - 3　常见螺丝刀

一字形螺丝刀以柄部以外的刀体长度表示规格，单位为 mm，电工常用的螺丝刀有 100 mm、150 mm、300 mm 等几种规格。

十字形螺丝刀按其头部旋动螺钉规格的不同，分为四个型号：Ⅰ、Ⅱ、Ⅲ、Ⅳ号，分别用于旋动直径为 2～2.5 mm、3～5 mm、6～8 mm、10～12 mm 的螺钉。其柄部以外的刀体长度规格与一字形螺丝刀相同。

螺丝刀一般使用方法：

(1)短螺丝刀的使用：短螺丝刀多用来松紧电气装置接线桩上的小螺钉，使用时可用大拇指和中指夹住握柄，用食指顶住柄的末端捻旋。

（2）长螺丝刀的使用：长螺丝刀多用来松紧较大的螺钉。使用时，除大拇指、食指和中指夹住握柄外，手掌还要顶住柄的末端，这样就可以防止旋转时滑脱。

（3）较长螺丝刀的使用：可用右手压紧并转动手柄，左手握住螺丝刀的中间，不得放在螺丝刀的周围，以防刀头滑脱将手划伤。

2.1.3.3 钳子

钳子根据用途可以分为钢丝钳、尖嘴钳、斜口钳和剥线钳等。

1. 钢丝钳

钢丝钳又叫平口钳、老虎钳，主要用于夹持或折断金属薄板、切断金属丝等。电工所用的钢丝钳钳柄上必须套有耐压 500 V 以上的绝缘管。钢丝钳的外形结构及其握法如图 2 – 1 – 4 和图 2 – 1 – 5 所示。

使用时正确的操作方法是：将钳口朝内侧，便于控制钳切部位，小指伸在两钳柄中间来抵住钳柄，张开钳头，这样分开钳柄灵活。

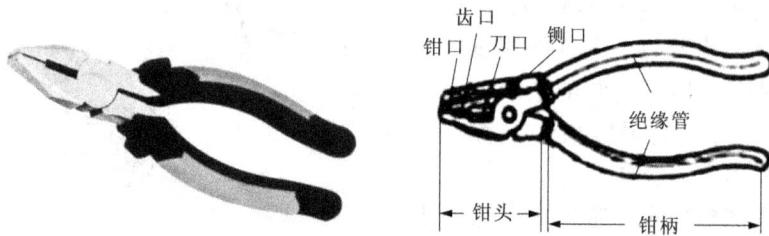

图 2 – 1 – 4   钢丝钳

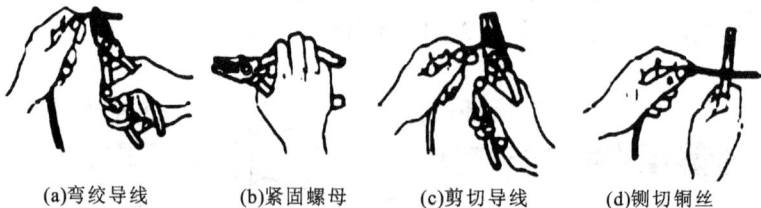

(a)弯绞导线   (b)紧固螺母   (c)剪切导线   (d)铡切铜丝

图 2 – 1 – 5   钢丝钳使用方法

2. 尖嘴钳

尖嘴钳的外形与钢丝钳相差不大，适合狭小的工作空间，如图 2 – 1 – 6 所示。一般用右手操作，使用时握住尖嘴钳的两个手柄，开始夹持或剪切工作。

3. 斜口钳

斜口钳又称偏口钳、断线钳，常用于剪切多余的线头或代替剪刀剪断尼龙套管、尼龙线卡等，其外形如图 2 – 1 – 7 所示。使用钳子一般用右手操作。将钳口朝内侧，便于控制钳切部位，小指伸在两钳柄中间来抵住钳柄，张开钳头，这样分开钳柄灵活。

图 2 - 1 - 6　尖嘴钳

图 2 - 1 - 7　斜口钳

4.剥线钳

剥线钳是一种用于剥除小直径导线绝缘层的专用工具,常见剥线钳外形如图 2 - 1 - 8 所示。其使用方法是:先根据绝缘导线的粗细型号,选择相应的剥线刀口。将准备好的绝缘导线放在剥线工具的刀刃中间,选择好要剥线的长度,握住剥线工具手柄,将电缆夹住,缓缓用力使导线外表皮慢慢剥落,然后松开工具手柄,取出电缆线,这时绝缘导线金属整齐露出外面,其余绝缘塑料完好无损。

图 2 - 1 - 8　常见剥线钳

2.1.3.4　电工刀

电工刀是一种剥削工具,有弧刃和直刃,外形如图 2 - 1 - 9 所示。一般用于线径较粗绝缘导线的绝缘层的剥削。

(a)弧刃　　　　　　　　　　　　(b)直刃

图 2 - 1 - 9　常见电工刀

2.1.3.5　扳手

常用的扳手有固定扳手、套筒扳手和活动扳手三类,其外形如图 2 - 1 - 10、图 2 - 1 - 11 和图 2 - 1 - 12 所示。所选用的扳手的开口尺寸必须与螺栓或螺母的尺寸相符合,扳手开口过大易滑脱并损伤螺件的六角。各类扳手的选用原则,一般优先选用套筒扳手,其次为固定扳手,最后选活动扳手。

图 2 - 1 - 10　固定扳手　　　图 2 - 1 - 11　套筒扳手　　　图 2 - 1 - 12　活动扳手

2.1.3.6　钢锯

钢锯常用于锯割各种金属板、电路板、槽板等，外形和使用方法如图 2 - 1 - 13 所示。事先将要锯的物品用台虎钳等固定住(有时用一只脚踩住)，为防止将圆管材料夹扁，可使用两块开出凹槽的木块垫在圆管的两边，对于很薄的板子，则需要用两块木板将其夹在中间，在要锯开的位置画好线。

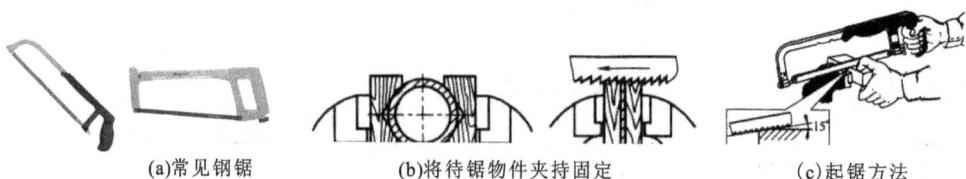

(a)常见钢锯　　　　　(b)将待锯物件夹持固定　　　　(c)起锯方法

图 2 - 1 - 13　常见钢锯和使用方法

开始锯物品时，用左手的大拇指指甲压在线的左侧，用右手握锯柄，使锯条靠在大拇指旁，锯齿压在线上，锯条与材料平面成一个适当的角度(例如 15°左右)。起锯角度太大时，会被工件棱边卡住锯齿，有可能将锯齿崩裂，并会造成手锯跳动不稳；起锯角度太小时，锯条与工件接触的齿数太多，不易切入工件，还可能偏移锯削位置，而需多次起锯，出现多条锯痕，影响工件表面质量。轻轻推动锯条，锯出一个小口。反复几次，待锯口达到一定深度后，开始双手控制进行正常锯切。

2.1.4　技能实训：常用电工工具的使用

2.1.4.1　实训目的
(1)认识常用电工工具。
(2)会使用测电笔、钳子、电工刀等常用电工工具。
2.1.4.2　实训器材
常用电工工具的使用实训器材如表 2 - 1 - 1 所示。

表 2 - 1 - 1 所需器材

序号	名称	型号与规格	数量	备注
1	测电笔		1	
2	螺丝刀	一字形、十字形	各 1	
3	交流电源	0～220V	1	
4	直流电源	0～50V	1	
5	钢丝钳		1	
6	剥线钳		1	
7	尖嘴钳		1	
8	电工刀		1	
9	各类导线		若干	

2.1.4.3 实训内容与步骤

1. 低压测电笔的使用训练

(1)判断相线和零线。

检测方法：接触时氖泡发光的线是火线（相线），氖泡不亮的线为地线（中性线或零线）。

(2)判断电压高、低。

(3)判断交流电、直流电。

检测方法：电笔氖泡两极发光的是交流电；一极发光的是直流电，且发光的一极是直流电源的负极。

(4)判断线圈、荧光灯管的灯丝是否烧断。

检测方法：将荧光灯管的一个灯脚插入验明为相线的插座孔中，用测电笔测试灯管的另一个灯脚应发光，否则说明其灯丝已烧断；用漆包线绕制成的线圈，刮去两端头的漆膜，用带绝缘手柄的尖嘴钳将其中一个端头垂直插入相线孔中，测试另一端，如测电笔不发光，则线圈内部已断线。

(5)判断电器电源线是否断线。

检测方法：打开电器外壳，将插头插入有电的插座中，用测电笔测量电器内电源线的接点，如两根电源线的接点均不发光，说明其必有断线；如有一个接点发光，说明与该点相连接的电源线完好且与其线连的插座孔为相线。再将二级插头翻转，用测电笔测试另一根线端点应发光，否则说明与该端点相连的电源线断了。

(6)查找零线断线点。

检测方法：用测电笔从两根电源线都发光的接点处逐渐向电源方向查找故障点，其断点在零线的发光与不发光的分界点的一段电路或两接点处。

(7)使用低压测电笔的安全知识。

①测电笔中的高阻值电阻，不可拆掉，否则使用时会造成触电事故。

②使用前应在确认有电的设备上进行试验，确认验电器良好后方可进行验电。在强光

下验电时应采取遮挡措施，以防误判断。

③潮湿环境慎用测电笔，使用时，应使测电笔逐渐靠近被测物体，直至氖管发光。

④在明亮的光线下测试时，应注意避光，以防误判。

⑤在测试时慎防测电笔尖落搭接在两根导线或金属外壳上，导致短路。

⑥测电笔不可当旋具使用，以防损坏。

⑦36 V以下的电压，氖管式测电笔是检验不出来的。

（8）高压验电器的使用（模拟操作）。

①使用验电器前，应在已知带电体上进行测试，证明验电器确实良好方可使用。

②使用时，应使验电器逐渐靠近被测物体，直到氖管发亮；只有在氖管不发亮时，人体才可以与被测物体试接触。

③室外使用高压验电器时，必须在气体条件良好的情况下才能使用。在雨雪雾及温度较低的环境中不宜使用，以防发生危险。

④高压验电器测试时，必须戴上符合要求的绝缘手套；不可一个人单独测试，身旁必须有人监护；测试时要防止发生相间或对地短路事故；人体与带电体应保持足够的安全距离，10 kV高压的安全距离为0.7 m以上。

2.螺丝刀的使用训练

用螺丝刀在水平木板和竖直木板上拆卸、紧固螺钉。使用时注意事项：

（1）使用螺丝刀拆卸、紧固带电螺钉时，手不可触及金属杆以免触电，为避免发生事故，应在其金属杆上套绝缘管。

（2）电工不可使用金属杆通顶的螺丝刀；不可将螺丝刀当凿子使用；木柄螺丝刀不要受潮，以防带电作业发生触电事故。

（3）使用螺丝刀时，应按螺钉的大小规格选用合适的刃口，不可以小代大或以大代小损坏螺钉或电气元件。

3.剪切导线训练

用钢丝钳、剥线钳、尖嘴钳做剪切导线训练如表2-1-2所示。

表2-1-2　剪切导线

导线种类	操作要领	操作图
塑料硬线	用钢丝钳勒去导线绝缘层（要平着用力，防止芯线损坏）	
塑料橡胶绝缘层硬线、软线	用剥线钳，也可用钢丝钳。使用时先确定好剥削长度，再将导线放入大于芯线直径的切口上，用手将钳柄一握，导线的绝缘层即可自动弹出	

4. 用钢丝钳、尖嘴钳做弯绞导线训练

将截面积为 $2.5\ mm^2$、$4\ mm^2$ 的导线弯成圆弧形压接圈并配合钢丝钳紧固导线。压线时，压接圈、接线耳等必须压在平垫圈下边；压接圈的方向必须与螺钉拧紧方向一致。详见表 2-1-3。

表 2-1-3　弯绞导线

种类	操作要领	操作图
针孔型	直接插入孔内拧紧螺丝，线太细线头对折，多股线若太粗就剪去几股	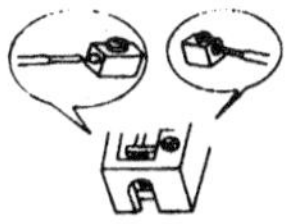
平垫型	1/2 拧紧，打环，2、2、3 分成三组，先将第一组的两根芯线扳到垂直于线头的方向；按顺时针方向缠绕两圈，再弯下扳成直角使其紧贴芯线；第二组、第三组线头仍按第一组的缠绕方法紧密缠绕在芯线上	
瓦状型	线头去绝缘层打 U 形	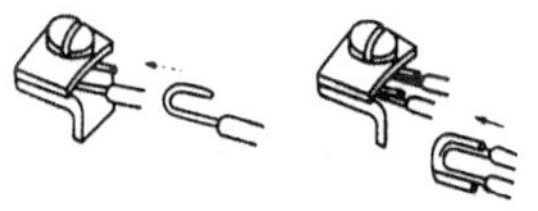

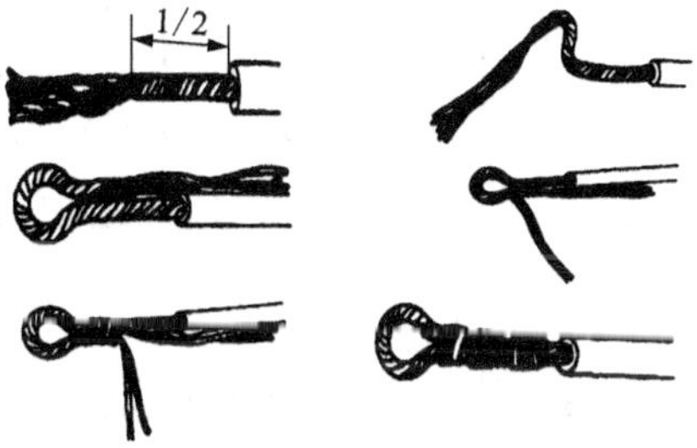

5. 电工刀的使用训练

(1)用电工刀剖削塑料导线绝缘层。

(2)用锥子钻木螺钉的定位孔。

(3)用锯片锯割电线槽板、塑料管和小木桩，削制木棒。

(4)用电工刀剖削塑料护套线绝缘层。

(5)用电工刀剖削各种不同导线绝缘层，如表 2-1-4 所示。

使用注意事项：

①使用时，应刀口朝外，一般是左手持导线，右手握刀柄，刀片与导线成较小锐角，否则会削伤导线。

②电工刀刀柄是不绝缘的，不能带电进行操作，以免发生触电事故。

③用完后，应将刀片折入刀柄内。

表 2 – 1 – 4   各种导线的剖削

导线种类	操作要领	操作图
塑料硬线	用钢丝钳勒去导线绝缘层(要平着用力,防止芯线损坏);用电工刀剖削塑料硬线: ①刀口以 45°角切入; ②刀口以 25°角削去绝缘层; ③翻下剩余绝缘层,用刀切齐	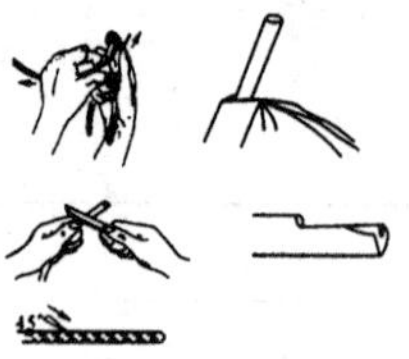
护套线	去护套层如图,去绝缘层与单芯铜线一样	
橡皮线	用剖削护套线护套层的方法:用电工刀尖划开纤维编织层,并将其扳翻后齐根切去;去绝缘层与塑料硬线去绝缘层方法一样	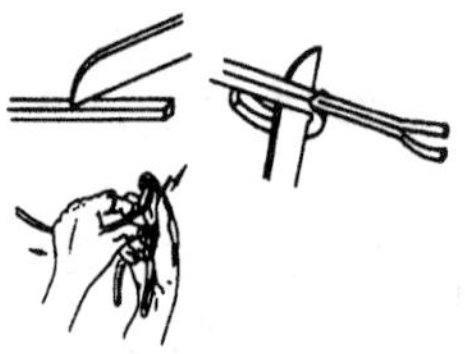
花线	棉纱层松开扳翻,齐根切去	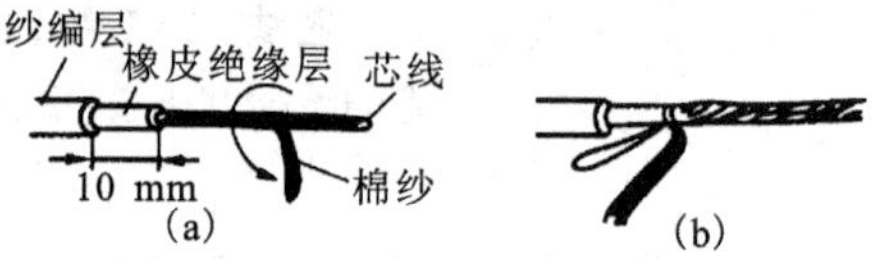 棉纱编层 橡皮绝缘层 芯线 10 mm (a) 棉纱 (b) (a)去除编织层和橡皮绝缘层;(b)扳翻棉纱
橡套电缆	外护套层较厚,可用电工刀按切除塑料护套层的方法切除,露出的多股芯线绝缘层,可用钢丝钳勒去	
铅包线	剖削时先用电工刀在铅包层切下一个刀痕,然后上下左右扳动折弯这个刀痕,使铅包层从切口处折断,并将它从线头上拉掉;内部芯线绝缘层的剖削方法与塑料硬线绝缘层的剖削方法相同	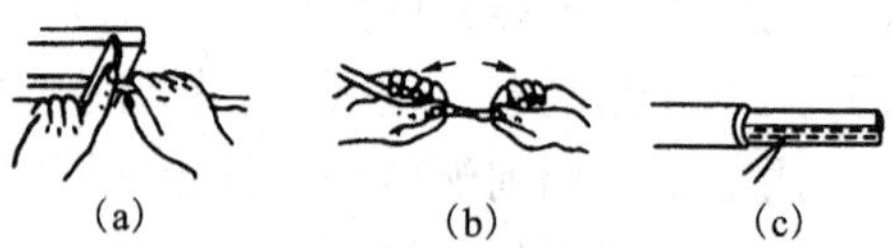 (a) (b) (c) (a)剖切铅包层;(b)折扳和拉出铅包层;(c)剖削芯线绝缘层

2.1.4.4   考核评价

常用电工工具实训考核评价如表 2 – 1 – 5 所示。

表 2 – 1 – 5　常用电工工具实训考核评价表

评价内容		配分	考核点	得分	备注
职业素养与操作规范（30 分）		2	能做好操作前准备		出现明显失误造成贵重元件或仪表、设备损坏等安全事故；严重违反实训纪律，造成恶劣影响的记 0 分
		3	操作过程中保持良好纪律		
		10	能按老师要求正确操作		
		5	按正确操作流程进行实施，并及时记录数据		
		5	能保持实训场所整洁		
		5	任务完成后，整齐摆放工具及凳子、整理工作台面等并符合"6S"要求		
作品质量（70 分）	知识掌握	30	①能正确识别常用电工工具；②掌握常用电工工具的结构及性能		
	技能指标	40	①能根据需求选择合适的电工工具；②会规范地应用电工工具进行操作		

2.1.4.5　实训小结

（1）低压测电笔在使用前为什么要在已知带电体上测试？测量高压电时，为什么验电器应逐渐接近带电体？

（2）低压测电笔的检测范围是多少？对于多大电压以下，氖管不发光？

（3）你怎样注意测电笔在使用过程中的安全？

（4）简述电工刀在使用过程中的注意事项。

2.1.5　拓展提高：其他电工工具

2.1.5.1　断线钳

断线钳用于将导线（含电缆、钢绞线、钢丝绳等）或金属丝、棒切断，外形如图 2 – 1 – 14 所示。使用时应根据要切割的导线粗细和材质，选择不同开口的断线钳。

(a)鹰嘴式断线钳　　　　　　(b)大力断线钳　　　　　　(c)液压断线钳

图 2 – 1 – 14　常见断线钳

2.1.5.2　压接钳

压接钳是电力行业在线路基本建设施工和线路维修中进行导线接续压接的必要工具。一般有分体式、充电式、手动式和导线四种压接钳。

1.分体式压接钳

分体式压接钳如图 2 – 1 – 15(a)所示，需要配相应的泵浦，一般适合架空输电线路和地下电缆线路使用；也有适合大型电缆的分体式压接钳。一机多用，可用于钳压管钳压，也可以实现六角压模压接。

2. 充电式压接钳

充电式压接钳如图 2 - 1 - 15(b)所示，结构紧凑、重量轻，进、退操作按钮安排合理，单手即可操作；采用低、高压两级柱塞泵驱动设计，压接快速；系统设有安全溢流阀，标准出力后自动卸压；头部可作 360°旋转，适合不同角度压接。

3. 手动式压接钳

手动式压接钳如图 2 - 1 - 15(c)所示，采用高、低两级柱塞泵驱动设计，操作快速省力；系统设有安全溢流阀，标准出力后自动卸压；适合 1.25 ~ 5.5 mm 的裸压端子、绝缘端子、绝缘闭端端子、连续端子；压接头可更换。

4. 导线压接钳

导线压接钳如图 2 - 1 - 15(d)所示，是一种用冷压的方法来连接铜、铝导线的五金工具，特别是在铝绞线和钢芯铝绞线敷设施工中常要用到它。压接钳大致可分为手压和油压两类。导线截面为 35 mm^2 及以下用手压钳，35 mm^2 以上用齿轮压钳或油压钳。

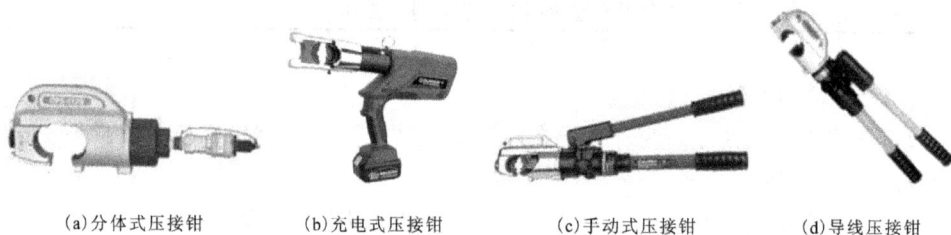

(a)分体式压接钳　　　(b)充电式压接钳　　　(c)手动式压接钳　　　(d)导线压接钳

图 2 - 1 - 15　常见压接钳

任务 2.2　MF47 型指针式万用表的使用

2.2.1　任务描述

万用表又称繁用表或三用表，是一种可以测量多种电量的多量程便携式仪表。万用表具有测量的种类多、量程范围宽、价格低、使用和携带方便等优点，广泛应用于电路测量、维修和调试工作中。本任务介绍万用表基本结构、测量原理和测量操作方法。

2.2.2　任务目标

(1)掌握指针式万用表的基本结构和测量原理。
(2)会使用万用表对电路参数进行测量。

2.2.3　基础知识：MF47 型指针式万用表

2.2.3.1　MF47 型万用表的基本结构

MF47 型万用表的基本结构分为面板、表头和表盘、测量线路及转换开关等四个部分。

1. MF47 型万用表面板结构及测量范围

MF47 型万用表面板结构及测量范围如图 2 - 2 - 1 所示。面板上部是表头指针、表盘。表盘下方正中是机械调零旋钮。表盘上有六条标度尺。表盘下方是转换开关、欧姆调零旋钮和各种功能的插孔。转换开关大旋钮位于面板下部正中，周围标有该万用表测量功能及其量程。转换开关左上角是测 PNP 和 NPN 型晶体管插孔；左下角标有" + "和" - "者分别为红、黑表笔插孔。大旋钮右上角为欧姆调零旋钮。它的

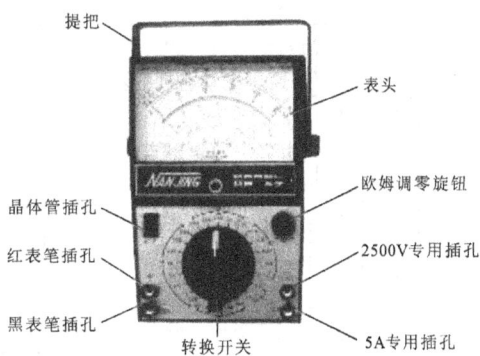

图 2 - 2 - 1　MF47 型万用表面板结构及测量范围

右下角从上到下分别是 2500 V 交、直流电压和 5 A 直流电流测量专用红表笔插孔。

2. 表头与表盘

(1) 表头。表头是一只高灵敏度的磁电式直流电流表，有万用表心脏之称。万用表主要性能指标基本上取决于表头性能。表头性能参数较多，这里只介绍最常用的灵敏度和内阻。

表头灵敏度指表头指针满刻度偏转时，流过表头线圈的直流电流值。这个值越小，灵敏度越高。大多数万用表表头灵敏度在数十至数百微安之间。高档万用表可达到几个微安。表头内阻指表头线圈的直流电阻。这个阻值越高，内阻越大。大多数万用表表头内阻在数百欧至 20 kΩ 之间。表头灵敏度越高、内阻越大，万用表性能就越好。

(2) 表盘。表盘除了有与各种测量项目相对应的六条标度尺外，还附有各种符号。正确识读标度尺和理解表盘符号、字母、数字的含义，是使用和维修万用表的基础。

表盘标度尺通常有以下特点：有的标度尺刻度是均匀的，如直流电压、直流电流和交流电压共用标度尺。有的刻度是不均匀的，如电阻、晶体管共发射极直流电流放大系数 h_{FE}、电感、电容及音频电平标度尺等。其形状如图 2 - 2 - 2 所示。

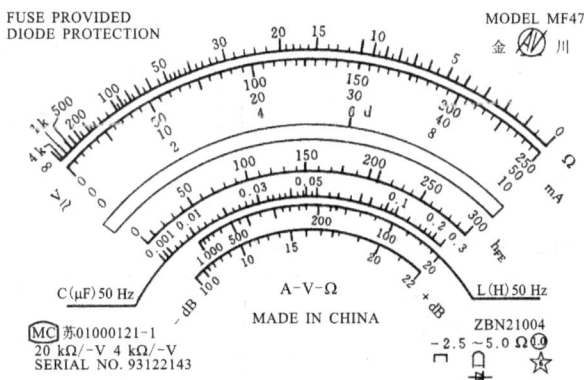

图 2 - 2 - 2　MF47 型万用表表盘

3. 测量线路

为了适应各种不同测量项目和选择不同量程的需要，万用表均设置了一套测量线路。它实际上是由多量程的直流电流表、直流电压表、整流式交流电压表和电阻表等的测量线路组合而成，如图 2 - 2 - 3 所示。通过拨动转换开关来选择所需的测量项目和量程。

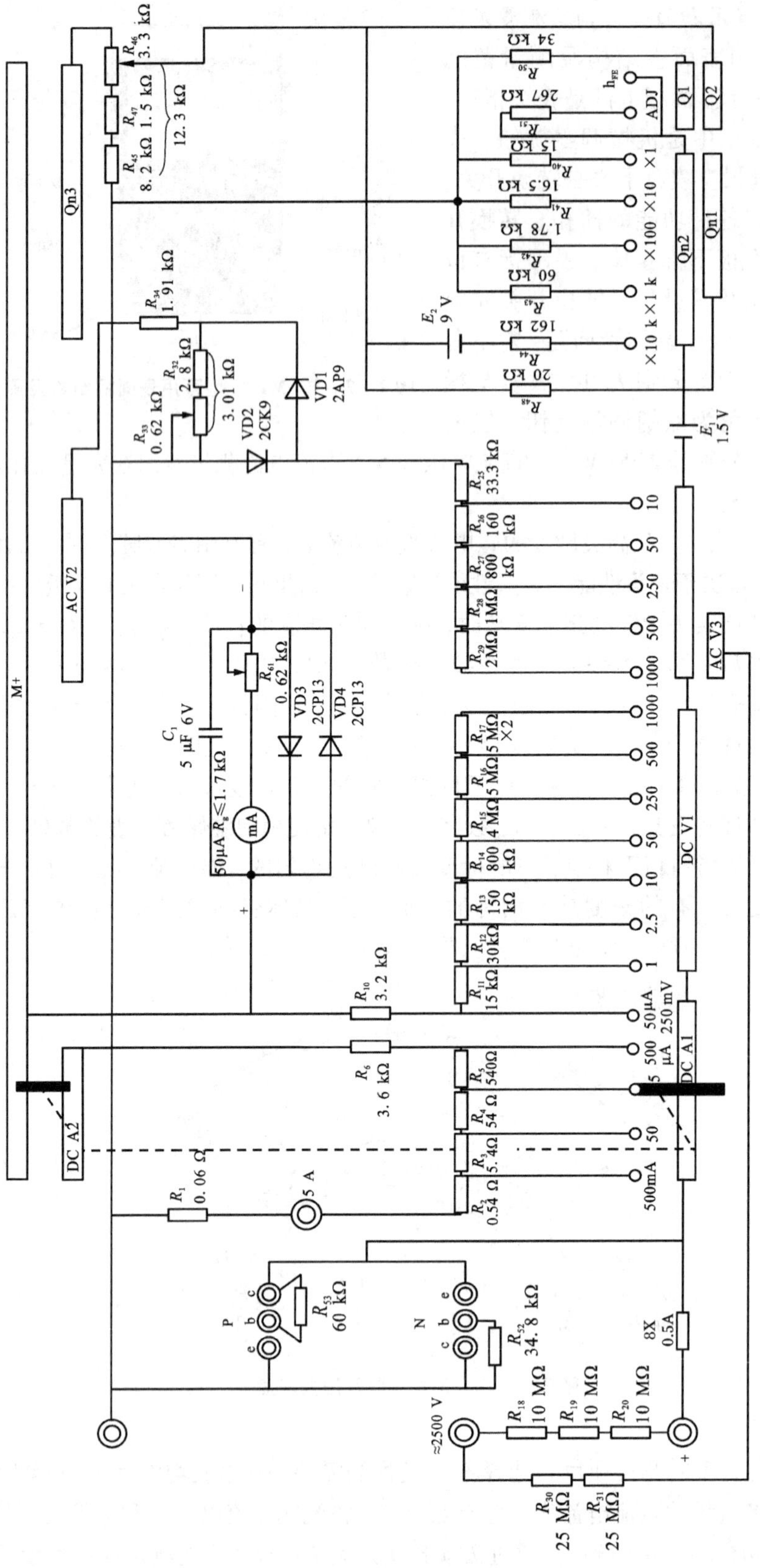

图2-2-3 MF47型万用表测量线路

4. 转换开关

万用表转换开关由多个固定触点和活动触点构成。当活动触点与某一个、两个或三个固定触点接触时，就可接通它们所控制的测量线路，完成一定的测量功能。活动触点称为"刀"，固定触点称为"位"。所以万用表转换开关由多刀和多位组成。

图2-2-4是MF47型万用表转换开关结构图。该转换开关为单层3刀24位结构。（因为实际应用时，0.25 V挡一般不用，所以此处未计这一挡。）即外围有24个固定触点，图中已标出了它们各自的测量项目和量程。转换开关转轴上装有一块弹性簧片，其上有三个活动触点，就是所谓的"刀"，图中分别用a、b、c三个字母表示。测量时，活动触点总是紧压在固定触点上，以保证电接触良好。

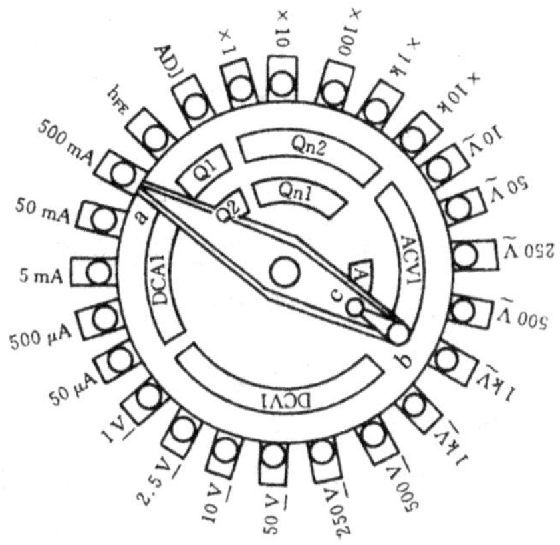

图2-2-4 MF47型万用表转换开关结构图

2.2.3.2 MF47型万用表标度尺的读法

如前所述，MF47型万用表有六条标度尺，它们分别代表了各自的测量项目。其上又用不同的数字及单位标出了相应项目的不同量程。

在均匀标度尺上读取数据时，如遇到指针停留在两条刻度线之间的某个位置，应将两刻度线之间的距离等分后再估读一个数据。

在欧姆标度尺上只有一组数字，为测量电阻专用。转换开关选择R×1挡时，应在标度尺上直接读取数据。在选择其他挡位时，应乘以相应倍率。例如选择R×1k挡时，就要对已读取的数据乘以1000 Ω。这里要指出的是：欧姆标度尺的刻度是不均匀的，当指针停留在两条刻度线之间的某个位置时，估读数据要根据左边和右边刻度缩小或扩大趋势进行估计，尽量减小读数误差。

2.2.3.3 MF47型万用表的选择和使用注意事项

通常应根据所要求测量的项目和精确度，以及经济许可来选择万用表。在经济许可的条件下，应根据以下原则选择：灵敏度高（灵敏度高的万用表，使用时测量误差小）；电压、电流挡的基本误差小；表头的倾斜误差小（倾斜误差的检查是把万用表竖直放置和向左右侧倾斜45°放置时，表头指针偏离零点位置应不超过标度尺弧长的±1%，这种偏离越小越好）；测量的项目多，量程范围大；表盘大；转换开关质量良好；有过载保护等。

万用表使用十分频繁，往往因使用不当或疏忽大意造成测量错误或事故。因此，必须学会使用万用表,并养成正确操作的良好习惯。对万用表的使用,一般应注意以下几点。

(1)使用前,认真阅读说明书,充分了解万用表的性能,正确理解表盘上各种符号和字母的含义及各条标度尺的读法,了解和熟悉转换开关等部件的作用和用法。

(2)使用前,观察表头指针是否处于零位(电压、电流标度尺的零点),若不在零位,则应调整表头下方的机械调零旋钮,使其指零。否则,测量结果将不准确。

(3)测量前,要根据被测量的项目和大小,把转换开关拨到合适的位置。量程的选择,应尽量使表头指针偏转到刻度尺满刻度偏转的2/3左右。如果事先无法估计被测量的大小,可在测量中从最大量程挡逐渐减小到合适的挡位。每当拿起表笔准备测量时,一定要再核对一下测量项目,检查量程是否拨对、拨准。

(4)测量时,要根据选好的测量项目和量程挡位,明确应在哪一条标度尺上读数,并应清楚标度尺上一个小格代表多大数值,读数时眼睛应位于指针正上方。对有弧形反射镜的表盘,当看到指针与镜中像重合时,读数最准确。一般情况下,除了应读出整数值外,还要根据指针的位置再估读一位小数。

(5)测量完毕,应将转换开关拨到最高交流电压挡,防止下次测量时不慎损坏表头。有的万用表(如500型)应将转换开关拨到标有"·"的位置,使测量线路短路。这样做也可避免将转换开关拨到电阻挡,两只表笔偶然相碰短路,消耗表内的电池,还可避免下次使用时,若直接用来测量电压或电流而损坏表头。

2.2.3.4　MF47型万用表的基本使用方法

前面比较详细地介绍了万用表的结构和使用注意事项,又侧重介绍了它的转换开关的使用和刻度盘读数,为学习万用表的使用打下了基础。下面介绍用万用表测量交、直流电压,直流电流,电阻等的使用方法。

1.交流电压的测量

交流电压测量的连接方法如图2-2-5所示。

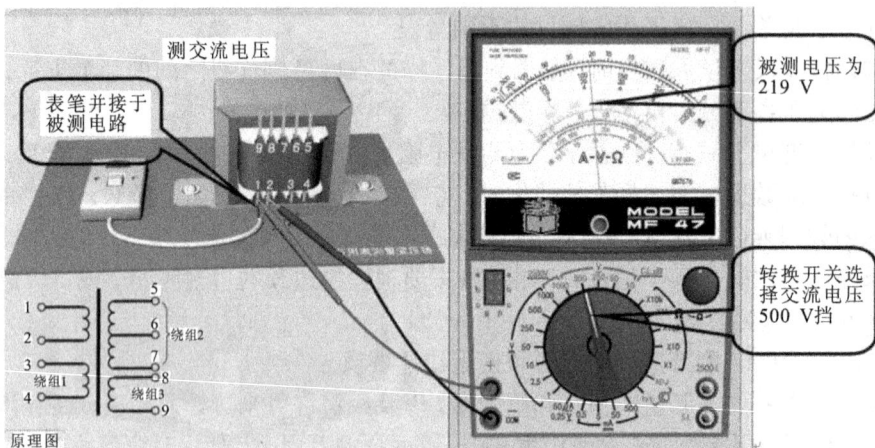

图2-2-5　万用表测量交流电压

步骤:

(1)将红表笔插入"＋"插孔,黑表笔插入"－"插孔。

(2)将转换开关拨到对应的交流电压量程挡,并将测试表笔并联到被测电路或被测元器件两端。(不需要考虑正负极性)

(3)从万用表的表盘上读取测量结果。

注意事项:

(1)如果误用直流电压挡,表头指针会不动或略微抖动;如果误用直流电流挡或电阻挡,轻则打弯指针,重则烧坏表头,这是很难修复的。

(2)严禁在测量中拨动转换开关选择量程,在测量较高电压时更是如此,这样可以避免电弧烧坏转换开关触点。

(3)测电压时,要养成单手操作习惯,特别是测高电压时,用高压测试棒更应如此,即预先把一支表笔固定在被测电路公共接地端(若表笔带鳄鱼夹则更方便),单手拿另一支表笔进行测量。测量过程中必须精力集中。

(4)表盘上交流电压标度尺是按正弦交流电的有效值来刻度的。如果被测电量不是正弦量(如锯齿波、方波等)时,误差会很大,这时的测量数据只能作为参考。

(5)表盘上大多数都标明了使用频率范围,一般为 45 ~ 1000 Hz,如果被测交流电压频率超过了这个范围,测量误差也会增大,这时的数据也只能作为参考。

2. 直流电压的测量

直流电压测量的连接方法如图 2 - 2 - 6 所示。

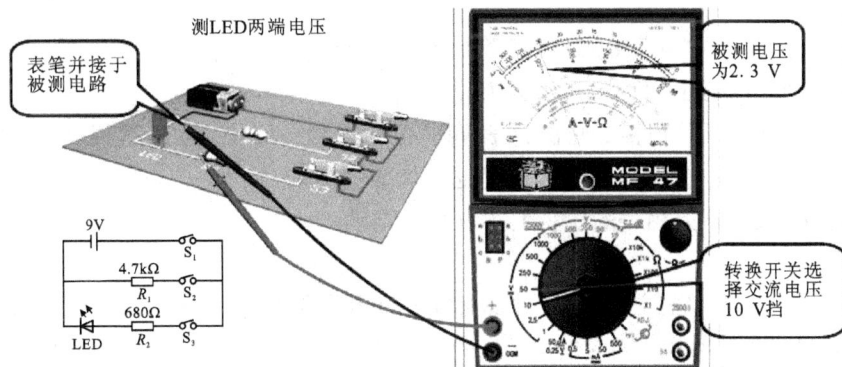

图 2 - 2 - 6　万用表测量直流电压

步骤:

(1)将红表笔插入"＋"插孔,黑表笔插入"－"插孔。

(2)将转换开关拨到对应的直流电压量程挡,并将测试表笔并联到被测电路或被测元器件两端。(测量时红表笔接"＋",黑表笔接"－")

(3)从万用表的表盘上读取测量结果。

注意事项:

(1)直流电压测量与交流电压测量的注意事项基本相同,测量前,必须注意表笔的正、负极性,将红表笔接被测电路或元器件的高电位端,黑表笔接被测电路或元器件的低电位端。若表笔接反了，表头指针会反方向偏转，容易撞弯指针。

（2）如果事先不知道被测点电位的高低，可将任意一支表笔先接触被测电路或元器件的任意一端，另一支表笔轻轻地试触一下另一被测端，若表头指针向右（正方向）偏转，说明表笔正、负极性接法正确，若表头指针向左（反方向）偏转，说明表笔极性接反了，交换表笔即可。

3. 直流电流的测量

直流电流测量的连接方法如图 2-2-7 所示。

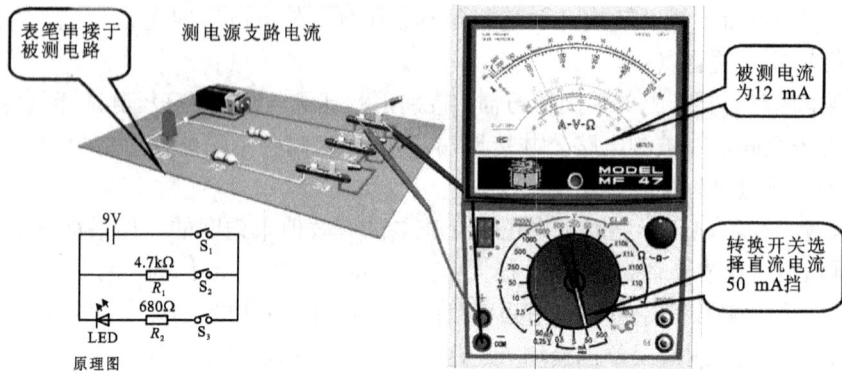

图 2-2-7　万用表测量直流电流

步骤：

（1）将红表笔插入"＋"插孔，黑表笔插入"－"插孔。

（2）将转换开关拨到对应的直流电流量程挡。

（3）切断电源，断开电路，将测试表笔串接到被测电路中。红表笔串接在高电位端，黑表笔串接在低电位端，即电流从红表笔进，黑表笔出。

（4）接通电源，从万用表的表盘上读取测量结果。

注意事项：

（1）万用表必须串联到被测电路中，必须先断开电路再串入万用表。如果将置于电流挡的万用表误与负载并联，因它的内阻很小，会造成短路，导致电路和仪表被烧毁。

（2）必须注意表笔的正、负极性，即红表笔接电路断口高电位端，黑表笔接电路断口低电位端。

（3）测量前，将转换开关拨到直流电流挡的适当量程，严禁在测量过程中拨动转换开关选择量程，以免损坏转换开关触点，同时也可避免误拨到过小量程挡而撞弯指针或烧毁表头。

4. 电阻的测量

电阻测量的连接方法如图 2-2-8 所示。

步骤：

（1）将红表笔插入"＋"插孔，黑表笔插入"－"插孔。

（2）将转换开关拨到对应的电阻量程挡，并将测试表笔并联到被测元器件两端。（不

需要考虑正负极性）

（3）从万用表的表盘上读取测量结果。

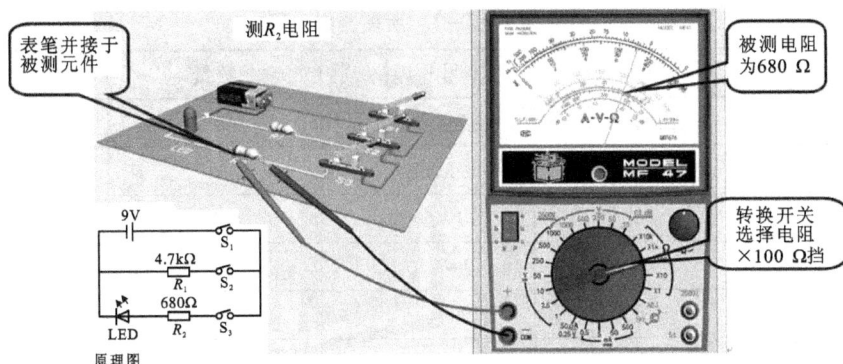

图 2 - 2 - 8 万用表测量电阻

注意事项：

（1）严禁在被测电路带电的情况下测量电阻（特别严禁用万用表直接测电池内阻）。因为这相当于将被测电阻两端电压引入万用表内部测量线路，导致测量误差，如果引入的电压电流过大，还会损坏表头，所以在测量前必须切断电源。如果被测电路中有大容量电解电容器，应先将该电容器正、负极短接放电，避免积存在其中的电荷通过万用表泄放，导致表头损坏。

（2）测量前或每次更换倍率挡时，都应重新调整欧姆零点。即将两表笔短接，并同时转动欧姆调零旋钮，使表头指针准确停留在欧姆标度尺的零点上。如果表头指针不能指到欧姆零点，说明表内电池电压太低，已不符合要求，应该更换。如果连续使用 R×1 挡时间较长（尤其是使用 1.5 V 五号电池的万用表），也应重新校正欧姆零点，这是因为五号电池容量小，工作时间稍长，输出电压下降，内阻升高，会造成欧姆零点移动。在测量间隙，应注意不要使两支表笔相接触，以免短路空耗表内电池。

（3）测量电阻时，应选择适当的倍率挡，使指针尽可能接近标度尺的几何中心，这样可提高测量数据的准确性。由于电阻标度尺的刻度是不均匀的，越往左端阻值的刻度越密，读数误差就越大，故应尽量避免选择使指针停在标度尺左端的倍率挡。

（4）测量中，不允许用手同时触及被测电阻两端，以避免并联上人体电阻，使读数减小，造成测量误差。

（5）在检测热敏电阻时，应注意由于电流的热效应，热敏电阻的阻值会改变，这种测量读数只供参考。

2.2.4 技能实训：MF47 型指针式万用表的使用

2.2.4.1 实训目的

（1）掌握 MF47 型指针式万用表的基本结构。

（2）会用 MF47 型指针式万用表测量交直流电压、交直流电流及电阻值。

2.2.4.2　实训器材

MF47 型万用表的使用实训器材如表 2 – 2 – 1 所示。

表 2 – 2 – 1　所需器材

序号	名称	型号与规格	数量	备注
1	螺丝刀	一字形、十字形	各 1	
2	指针式万用表	MF47	1	
3	直流电源	0～50 V	1	
4	交流电源	0～220 V	1	
5	电阻箱		1	
6	小功率电阻		5	
7	导线		若干	

2.2.4.3　实训内容与步骤

1. 利用万用表交流电压挡测量交流电压

(1) 把万用表转换开关拨至交流电压挡上。

(2) 根据交流电压的大小，选择适当的量程。

(3) 将两个表笔与被测电压相并联，读出电压的读数，并记数据于表 2 – 2 – 2 中。

表 2 – 2 – 2　测量交流电压数据

电压值/V	50	60	70	100	120	150	170	200	220
测量值/V									

2. 利用万用表直流电压挡测量直流电压

(1) 把万用表转换开关拨至直流电压挡上。

(2) 根据直流电压的大小，选择适当的量程。

(3) 将两个表笔分正、负与被测电压正、负极相并联，读出电压读数，并记数据于表 2 – 2 – 3 中。

表 2 – 2 – 3　测量直流电压数据

电压值/V	5	10	15	20	25	30	35	40	45
测量值/V									

3. 利用万用表直流电流挡测量直流电流。

(1) 把万用表转换开关拨至直流电流挡上。

(2) 根据直流电流的大小，选择适当的量程。

（3）断开被测电路，将两个表笔分正、负与被测电流正、负极相串联，读出电流读数，并记数据于表2-2-4中。

表2-2-4　测量直流电流数据

电流值/mA	1	5	10	15	20	30	50	100	150
测量值/mA									

4.利用万用表电阻挡测量电阻

（1）把万用表转换开关拨至电阻挡上，选择适当的量程。电阻挡的量程有R×1、R×10、R×100、R×1k等数挡，测量前根据被测电阻值选择适当的量程，一般以被测电阻值接近电阻刻度的2/3位置为好。

（2）量程选定后，测量前将两个表笔短路，调节调零旋钮，使指针指在电阻刻度零位上。

（3）将两个表笔分别与电阻两端相接，读出电阻的读数，并记数据于表2-2-5中。

表2-2-5　测量电阻数据

R标称值/Ω							
R测量值/Ω							

2.2.4.4　考核评价

MF47型指针式万用表的使用考核评价如表2-2-6所示。

表2-2-6　MF47型指针式万用表的使用考核评价表

评价内容		配分	考核点	得分	备注
职业素养与操作规范（30分）		2	能做好操作前准备		出现明显失误造成贵重元件或仪表、设备损坏等安全事故；严重违反实训纪律，造成恶劣影响的记0分
		3	操作过程中保持良好纪律		
		10	能按老师要求正确操作		
		5	能按正确操作流程进行实施，并及时记录数据		
		5	能保持实训场所整洁		
		5	任务完成后，整齐摆放工具及凳子、整理工作台面等并符合"6S"要求		
作品质量（70分）	知识掌握	30	①能掌握万用表的基本结构；②能简述万用表的测量原理		
	技能指标	40	①会正确地测量交直流电压、电流、电阻；②能准确快速地读取测量数据		

2.2.4.5 实训小结

(1)简述在使用指针式万用表时,怎样能实现读数的快速准确。

(2)简述在使用指针式万用表时,应注意哪些事项。

2.2.5 拓展提高一:数字万用表的使用

2.2.5.1 认识数字万用表面板

以胜利 VC9807A + 数字万用表为例加以说明。

胜利 VC9807A + 数字万用表面板外观如图 2-2-9 所示,其主要分显示屏和操作面板两部分。

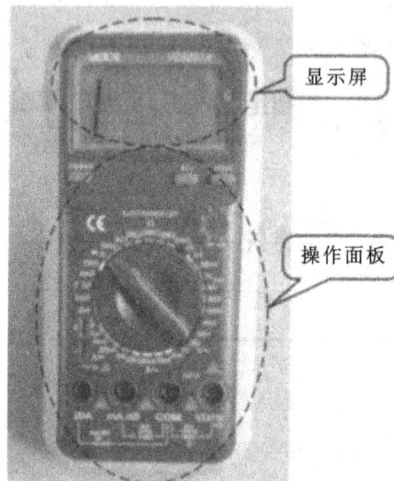

图 2-2-9 胜利 VC9807A + 数字万用表面板

1. 显示屏

显示屏主要用来显示当前测量值。

2. 操作面板

胜利 VC9807A + 数字万用表操作面板如图 2-2-10 所示。

(1)POWER 键:电源开关。当红色 POWER 键被按下时,仪表被电源接通,万用表进入工作状态;POWER 键处于弹起状态时,仪表电源被关闭,万用表不工作。

(2)B/L:屏幕背景灯控制键。按下 B/L 键,显示屏背景灯亮;弹起该键,背景灯灭。

(3)HOLD:数据保持选择键。按下 HOLD 键,显示屏将保持显示当前测量值,再次按下该键,则退出显示功能。

(4)功能开关:其作用是选择测量项目和合适量程。

(5)"COM"插孔:公共输入端。用以插入黑表笔。

(6)"V/Ω"插孔:电压、电阻测量输入端,测量时将红表笔插入该孔内。

(7)"mA"插孔:200 mA 及以下电流测量输入端,测量时将红表笔插入该孔内。

(8)"20A"插孔:大于 200 mA 电流测量输入端,测量时将红表笔插入该孔内。

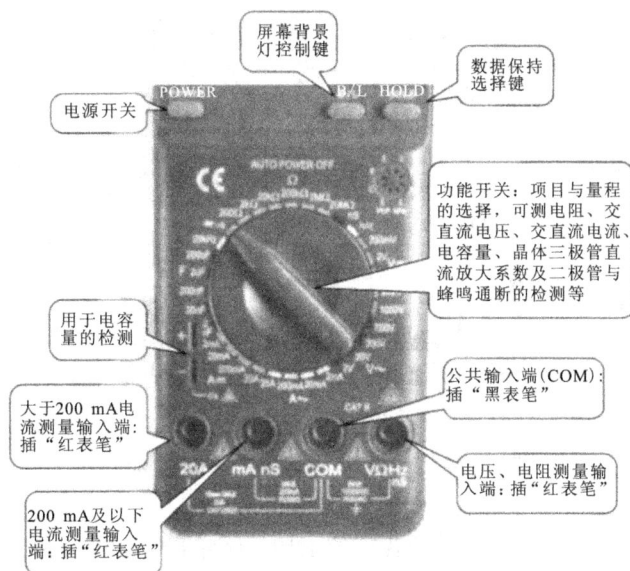

图 2 – 2 – 10　VC9807A + 数字万用表操作面板

（9）"NPN""PNP"插孔：用于测量晶体管的直流放大系数 h_{FE}，使用时根据 NPN、PNP 型晶体管分别插入相应插孔。

（10）" + "" – "插孔：用于电容量的测量。若被测电容器为电解电容器，则测量时，应注意电容器管脚的正负极性。

3. 操作前注意事项

（1）操作前先检查 9 V 电池电压，如果电池电压不足，应及时更换电池；如果电池正常则进入工作状态。

（2）测试表笔插孔旁边有一个"!"符号，它表示输入电压或电流不应超过此标示值，以免内部线路受到损坏。

（3）测试前，应将功能开关置于所需量程上。

2.2.5.2　电压的测量

1. 直流电压测量

直流电压测量的连接方法如图 2 – 2 – 11 所示。

步骤：

（1）将红表笔插入"V/Ω"插孔，黑表笔插入"COM"插孔。

（2）将功能开关置于"V – , 2V"量程挡，并将测试表笔并联到待测电源或负载上（测量时红表笔接" + "，黑表笔接" – "）。

（3）从显示器上读取测量结果。

注意事项：

（1）如果不知被测电压范围，应将功能开关置于大量程并逐渐降低其量程（不能在测量的同时改变量程）。

（2）如果显示"1"，表示过量程，应将功能开关置于更高的量程挡。

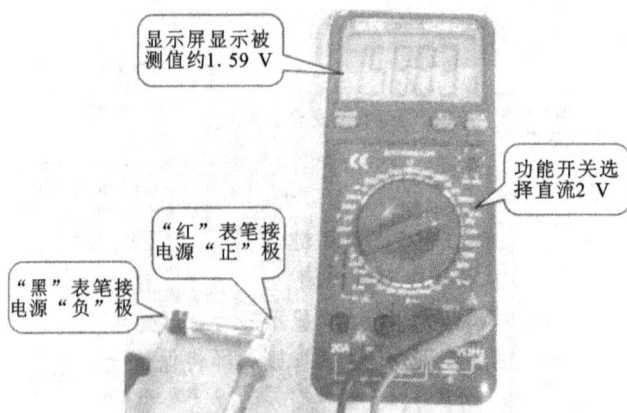

图 2 - 2 - 11　万用表测量直流电源电压

(3)"!"表示不要输入高于万用表要求的电压,那样有可能损坏万用表的内部线路。

(4)在测量高压时,应特别注意避免触电。

2. 交流电压测量

交流电压测量的方法类同于直流电压测量。

步骤:

(1)将红表笔插入"V/Ω"插孔,黑表笔插入"COM"插孔。

(2)将功能开关置于"V ~"量程挡,并将测试表笔并联到待测电源或负载两端。(不需要考虑正负极性)

(3)从显示器上读取测量结果。

2.2.5.3　电流的测量

1. 直流电流测量

直流电流测量的连接方法如图 2 - 2 - 12 所示。

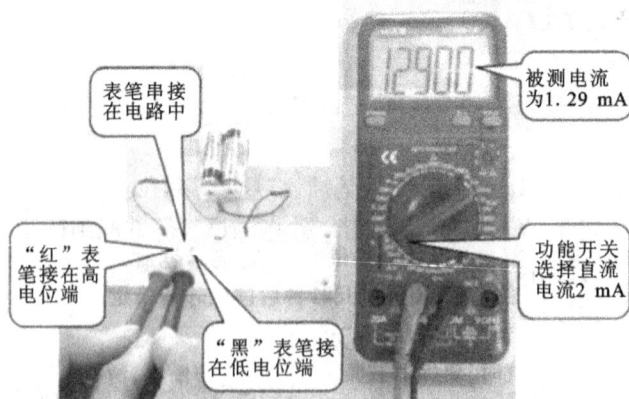

图 2 - 2 - 12　万用表测量直流电流

步骤：

(1)将红表笔插入"mA"或"20 A"插孔(当测量 200 mA 以下的电流时，插入"mA"插孔；当测量 200 mA 以上的电流时，插入"20 A"插孔)，黑表笔插入"COM"插孔。

(2)将功能开关置于"A –"量程挡。

(3)切断电源，断开电路，将万用表串接在电路中。红表笔串接在高电位端，黑表笔串接在低电位端，即电流从红表笔进，黑表笔出。

(4)接通电源，从显示器上读取测量结果。

注意事项：

(1)如果使用前不知道被测电流范围，应将功能开关置于最大量程并逐渐降低其量程(不能在测量的同时改变量程)。

(2)如果显示器只显示"1"，表示过量程，应将功能开关置于更高的量程挡。

(3)"!"表示最大输入电流为"200 mA"或"20 A"，它取决于所使用的插孔，过大的电流将烧坏熔体，20 A 量程无熔体保护。

2.交流电流测量

交流电流测量的方法类同于直流电流测量。只是将功能开关置于"A ~"量程挡，测量时也不需要考虑正负极性。

2.2.5.4　电阻的测量

电阻测量的连接方法如图 2 – 2 – 13 所示。

步骤：

(1)将红表笔插入"V/Ω"插孔，黑表笔插入"COM"插孔。

(2)将功能开关置于"Ω"量程挡，将测试表笔并接于待测电阻上。

(3)从显示器上读取测量结果。

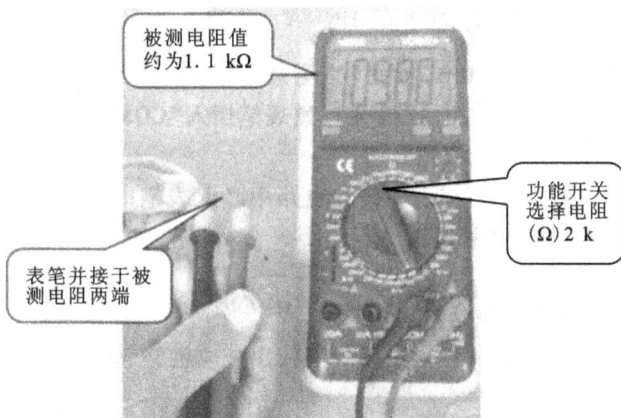

图 2 – 2 –13　万用表测量电阻

注意事项：

(1)如果被测电阻值超出所选择量程的最大值，将显示过量程"1"，此时，应选择更高的量程挡，对于大于 1 MΩ 或更高的电阻，要经过几秒钟后读数才能稳定，然后进行读取。

（2）当无输入时，如开路情况，其显示为"1"。

（3）在检查内部线路阻抗时，要保证被测线路所有电源断电，所有电容放电。

（4）在测量电阻时，一定不能带电测量。

2.2.6　拓展提高二：兆欧表的使用

兆欧表又称摇表、迈格表、高阻计、绝缘电阻测定仪等。它是一种测量电气设备及电路绝缘电阻的仪表，其外部结构如图2-2-14所示。

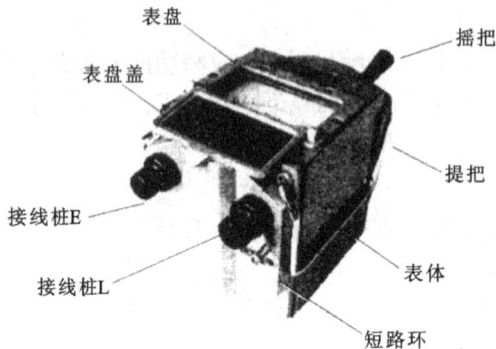

图2-2-14　兆欧表

兆欧表主要由三部分组成：手摇直流电机（有的用交流发电机加整流器）、磁电式流比计及接线桩（L、E、G）。

2.2.6.1　兆欧表的选用

兆欧表的常用规格有250 V、500 V、1000 V、2500 V和5000 V等。选用兆欧表主要应考虑它的输出电压及其测量范围。一般高压电气设备和电路的检测需要使用电压高的兆欧表，而低压电气设备和电路的检测使用电压低一些的就足够了。通常500 V以下的电气设备和线路选用500~1000 V的兆欧表，而绝缘子、母线、刀闸等应选2500 V以上的兆欧表。

2.2.6.2　兆欧表的使用方法

1.使用前的准备工作

（1）检查兆欧表是否能正常工作。将兆欧表水平放置，空摇兆欧表手柄，指针应该指到∞处，再慢慢摇动手柄，使L和E两接线桩输出线瞬时短接，指针应迅速指零。注意在摇动手柄时不得让L和E短接时间过长，否则将损坏兆欧表。

（2）检查被测电气设备和电路，看是否已全部切断电源。绝对不允许设备和线路带电时用兆欧表去测量。

（3）测量前，应对设备和线路先行放电，以免设备或线路的电容放电危及人身安全和损坏兆欧表，这样还可以减少测量误差，同时注意将被测试点擦拭干净。

2.正确使用

（1）兆欧表必须水平放置于平稳牢固的地方，以免在摇动时因抖动和倾斜产生测量误差。

(2)接线必须正确无误,兆欧表有三个接线桩:"E"(接地)、"L"(线路)和"G"(保护环或叫屏蔽端子)。保护环的作用是消除表壳表面"L"与"E"接线桩间的漏电和被测绝缘物表面漏电的影响。在测量电气设备对地绝缘电阻时,"L"用单根导线接设备的待测部位,"E"用单根导线接设备外壳;当测电气设备内两绕组之间的绝缘电阻时,将"L"和"E"分别接两绕组的接线端;当测量电缆的绝缘电阻时,为消除因表面漏电产生的误差,"L"接线芯,"E"接外壳,"G"接线芯与外壳之间的绝缘层。

(3)"L""E""G"与被测物的连接线必须用单根线,绝缘良好,不得绞合,表面不得与被测物体接触。

(4)摇动手柄的转速要均匀,一般规定为 120 转/分钟,允许有 ±20% 的变化,最多不应超过 ±25%。通常都要摇动一分钟后,待指针稳定下来再读数。如被测电路中有电容时,先持续摇动一段时间,让兆欧表对电容充电,指针稳定后再读数,测完后先拆去接线,再停止摇动。若测量中发现指针指零,应立即停止摇动手柄。

(5)测量完毕,应对设备充分放电,否则容易引起触电事故。

(6)禁止在雷电时或附近有高压导体的设备上测量绝缘电阻。只有在设备不带电又不可能受其他电源感应而带电的情况下才可测量。

(7)兆欧表未停止转动以前,切勿用手去触及设备的测量部分或兆欧表接线桩。拆线时也不可直接去触及引线的裸露部分。

(8)兆欧表应定期校验。校验方法是直接测量有确定值的标准电阻,检查其测量误差是否在允许范围以内。

任务 2.3　同步练习

2.3.1　填空题

1. 常用的电工工具有测电笔、螺丝刀、钳子和＿＿＿＿＿ 等。

2. 用测电笔测量相线与零线时,接触时氖泡发光的线是＿＿＿ ,氖泡不发光的线是＿＿＿＿＿＿。

3. 螺丝刀可以分为＿＿＿＿＿＿和＿＿＿＿＿＿两种。

4. 带电作业时,决不可用钢丝钳同时剪切＿＿＿＿＿＿,以免发生短路事件。

5. 电工使用的螺丝刀不可选用＿＿＿＿＿＿,不可作＿＿＿＿ 使用,以免敲打损坏。

6. 在万用表的读数线上,标有 DC 表示＿＿＿＿＿ ,标有 AC 表示＿＿＿＿＿＿。

7. 指针式万用表的黑表笔接表内电池的＿＿＿＿＿极,红表笔接表内电池的＿＿＿＿＿极。

8. 万用表在测量直流电压时,必须注意表笔的正负极性,将红表笔接在被测电路或元件的＿＿＿＿＿端,黑表笔接在被测电路或元件的＿＿＿＿＿端。

9. 使用万用表测量前,要根据被测量的项目和大小,把转换开关拨到合适的位置。量程的选择,应尽量使表头指针偏转到刻度尺满刻度偏转的＿＿＿＿＿左右。

10. 万用表使用完毕后,应将转换开关拨到＿＿＿＿＿＿ 。

2.3.2　选择题

1. 低压测电笔一般适用于交、直流电压为( )以下。

A. 220 V   B. 380 V   C. 500 V

2. 把低压测电笔连接在直流电的正负极之间，氖泡发光的那端为(　　)

A. 正极   B. 负极   C. 不能确定

3. 只要被测带电体与大地之间的电压超过(　　)，测电笔的氖管就会启辉发光。

A. 36 V   B. 50 V   C. 60 V

4. 下列不属于一字形螺丝刀规格的是(　　)

A. 50 mm   B. 100 mm   C. 150 mm   D. 300 mm

5. 使用电工刀剖削导线绝缘层时，刀面与导线成(　　)角倾斜，以免削伤线芯。

A. 15°   B. 30°   C. 45°   D. 60°

6. 用指针式万用表欧姆挡测量电阻时，下列说法不正确的是(　　)

A. 测量前必须调零，而且每测一次电阻都要重新调零

B. 为了使测量值比较准确，应该用两手分别将两表笔与待测电阻两端紧紧捏在一起，以使表笔与待测电阻接触良好

C. 待测电阻若是连接在电路中，应把它与其他元件断开后再测量

D. 使用完毕应拔出表笔，并把转换开关拨到交流电压最高挡

7. 用万用表测直流电压或者电阻时，若红表笔插入万用表的"+"插孔，则(　　)

A. 前者电流从红表笔流入万用表，后者从红表笔流出万用表

B. 两者电流都从红表笔流入万用表

C. 两者电流都从红表笔流出万用表

D. 前者电流从红表笔流出万用表，后者从红表笔流入万用表

8. 下列说法中正确的是(　　)

A. 欧姆表的每一挡的测量范围是 $0 \sim \infty$

B. 用不同挡的欧姆表测量同一电阻的阻值时，误差大小是一样的

C. 用欧姆挡测量电阻时，指针越接近刻度中央，误差越大

D. 用欧姆挡测量电阻，选不同量程时，指针越靠近右边误差越小

9. 下列关于万用表的使用，不正确的是(　　)

A. 用万用表前要校准机械零位和电零位

B. 测量前要先选好挡位

C. 禁止带电切换量程

D. 不用时，转换开关应停在欧姆挡

10. 用兆欧表测量供电线路对地的绝缘电阻时，采用(　　)接法。

A. E 端接线路，L 端接地   B. L 端接线路，E 端接地

C. L 端接线路，G 端接地   D. E 端接线路，G 端接地

2.3.3　综合题

1. 低压测电笔在使用前为什么要在已知带电体上测试？测量高压时，为什么验电器应逐渐接近带电体？

2. 简述电工刀在使用过程中的注意事项。

3. 万用表由哪几部分组成？各部分的作用是什么？

4. 什么是万用表表头灵敏度和内阻？它们对万用表的性能有什么影响？

5. 在万用表的使用中应注意哪些问题？为什么？

6. 测量直流电流时，万用表为什么要串入被测电路？如果误将它与电路并联，转换开关又置于电流挡，有什么危险？

7. 万用表为什么不能带电测电阻？为什么不能用万用表直接测量电源内阻？

8. 在带电测量中，为什么不宜拨动万用表转换开关？

项目3　直流电路

项目描述

　　直流电路是电子产品中最常见的电路,掌握直流电路的电压、电流关系和遵守的客观规律,是分析和运用电路的基础。本项目通过三个任务的实施,让读者获得如下知识和技能:掌握直流电路的基本概念;掌握串、并联电路的特点;掌握基尔霍夫定律;会运用伏安法测电阻;会运用电阻的连接解决实际问题;会运用基尔霍夫定律对直流电路进行分析和计算。

项目任务

任务3.1　伏安法测电阻

3.1.1　任务描述

　　根据欧姆定律,测量通过待测元件的电流 I 和该元件两端的电压 U 即可求出该元件的电阻 R,即 $R = U/I$,这种方法称为伏安法。本任务介绍直流电路的基本概念、电路欧姆定律和如何运用电压表和电流表科学测量待测元件的阻值。

3.1.2　任务目标

　　(1)了解电路的组成和三种基本状态。
　　(2)理解电流、电压和电位等基本物理量。
　　(3)理解电源与电动势的概念。
　　(4)了解电阻,掌握电阻定律。
　　(5)掌握欧姆定律。
　　(6)会使用电压表和电流表进行伏安法测电阻。

3.1.3 基础知识一：电路的基本概念

我们都使用过手电筒，按下开关时，小灯泡就亮了，想一想，手电筒电路是怎样接通的呢？手电筒简单照明电路如图 3 - 1 - 1 所示。

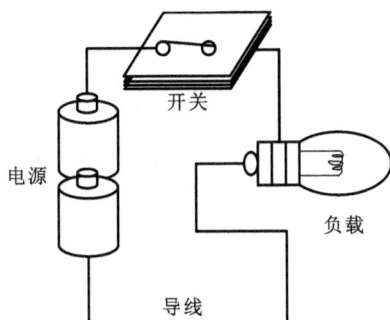

图 3 - 1 - 1 手电筒照明电路

3.1.3.1 电路的组成

电流流过的闭合路径叫电路，它由电源、负载、连接导线、控制和保护装置四部分组成。图 3 - 1 - 1 所示是由干电池、小灯泡、导线和开关组成的电路。

(1)电源：向电路提供能量的设备。它能把其他形式的能量转换成电能，常见的电源有干电池、蓄电池、光电池等。

(2)负载：即用电器，它是各种用电设备的总称。其作用是将电能转换成其他形式的能，如电灯、电动机、电加热器等。

(3)导线：把电源和负载接成闭合回路，输送和分配电能。一般常用的导线是铜线和铝线。

(4)控制和保护装置：用来控制电路的通断、保护电路的安全，使电路能够正常工作，如开关、保险丝(熔断器)、断路器、继电器等。

3.1.3.2 电路的状态

电路的状态有通路、开路和短路3种。

1.通路(闭路)

通路又叫闭路，是电路各部分连接成闭合回路。此时开关闭合，电路中有电流通过，负载能正常工作。正常发光的灯泡、转动的电动机，都处于通路状态。

2.开路(断路)

开路又叫断路，是电路某处或开关处于断开状态，电源与用电器没有形成闭合回路。电路中没有电流通过。开关处于断开状态时，电路开路是正常状态；但当开关处于闭合状态时，电路仍然开路，就属于故障状态了，需要进行检修。

3.短路

当电源两端或电路中某些部分被导线直接相连，这时电源输出的电流不经过负载，只经过连接导线直接流回电源，这种状态称为短路状态，简称短路。如图 3 - 1 - 2 所示，当电流直接从点"c"流向点"d"时，就形成了短路。短路时，电路中流过的电流远远超过系统的额定值，甚至可能会烧坏电源和其他设备，应该尽量避免。当电流直接从点"a"流向点"b"则为部分短路的电路，它将负载 R_1 短接了。这种情况通常是在调试电子设备的过程中，为了使与调试过程无关的部分设备没有电流通过而采取的方法。

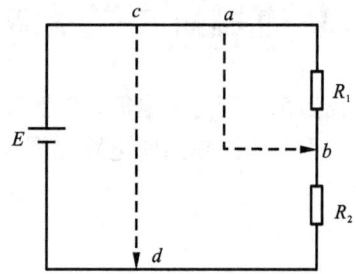

注意：

短路通常是不允许的，当用一根导线直接将电源的正、负两极连接起来会使电路中的电流迅速达到最大值而损坏电源。

图 3-1-2 电路的短路状态

3.1.3.3 电路图

用规定的图形符号表示电路连接状况的图，称为电路图。图 3-1-3 所示为手电筒电路图。电路图是用来说明电气设备之间连接方式的图。任何电路都可以用电路图表示。

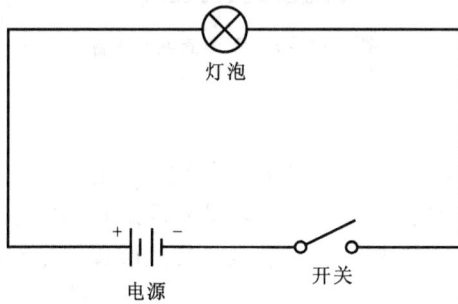

图 3-1-3 手电筒电路图

电路图中部分常用图形符号见表 3-1-1。

表 3-1-1 电路图中部分常用图形符号

名称	符号	名称	符号
电阻		电压表	Ⓥ
电池		接地	或
电灯	⊗	熔断器	
开关		电容	
电流表	Ⓐ	电感	

3.1.4 基础知识二：电流、电压和电位

3.1.4.1 电流

1. 产生电流的条件

如图 3-1-4 所示，有两个带电体 A、B，A 带正电，B 带负电。如果用一段金属导线将这两个带电体连接起来，它们之间会产生什么情形呢？

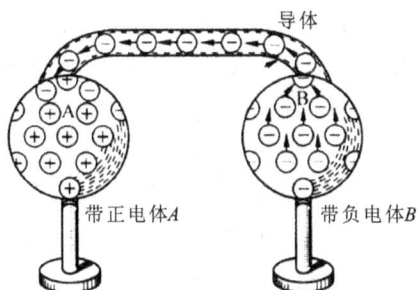

图 3-1-4 两个带不同电荷的带电体连接

两个带电体 A、B 之间将形成电流。因为金属导线中存在着许多自由电子，自由电子是带负电的。因此，一方面带正电的带电体 A 吸引导体中的自由电子，另一方面带负电的带电体 B 则排斥导体中的自由电子。这样一吸一推，导体中的自由电子就由带负电体 B 一端流向带电体 A 的一端。靠近带负电体 B 一端导体中失去的自由电子则由带负电体 B 中的电子源源不断地补充。导体中的电子流就这样一直维持到带电体 A、B 的正负电荷互相完全抵消(中和)为止。这种自由电子的定向移动形成的电子流就称为电流。

因此，要形成电流，首先要有可以移动的电荷——自由电子。金属导体中就有能移动的自由电子。同时，要获得持续的电流，导体两端必须保持一定的电位差(电压)，才能持续不断地推动自由电子朝同一个方向移动。

2. 电流的大小

电流的本质是自由电子的流动。电流的流动如同水在水泵作用下在水管里流动一样。水在水管中流动，流量有多有少；同样，电流在导体中流动，也有多有少。衡量电流大小或强弱的物理量叫作电流强度，简称电流。

电流的大小等于通过导体横截面的电荷量与通过这些电荷量所用的时间的比值。用公式表示为

$$I = \frac{q}{t} \tag{3-1-1}$$

式中：I——电流，单位是安培(A)；

q——通过导体横截面的电荷量，单位是库仑(C)；

t——通过电荷量所用的时间，单位是秒(s)。

在国际单位制中，电流的基本单位是安[培]，符号为 A，如果在 1 s 内通过导体横截面的电荷量为 1 C，则导体中的电流为 1 A。常用的电流单位还有毫安(mA)、微安(μA)，它

们之间的换算关系为：

$$1 \text{ A} = 10^3 \text{ mA} = 10^6 \text{ μA}$$

3. 电流的方向

规定正电荷定向运动的方向为电流方向。在金属导体中，电流的方向与自由电子运动方向相反，在电解液中电流的方向与正离子移动的方向相同，与负离子移动的方向相反。但在进行电路分析计算时，电流的实际方向有时难以确定，这时可任意假定一个电流方向，在电路图中用箭头表示，称为电流的参考方向，当电流的实际方向与参考方向一致时候，则电流为正值；反之，当电流的实际方向与参考方向相反时，则电流为负值。

电流虽然有大小又有方向，但它只是一个标量，电流方向只表明电荷的定向移动方向。电流的方向不随时间变化的电流叫直流电流。电流的大小和方向都不随时间变化的电流叫稳恒电流，如图 3-1-5（a）所示。电流的大小随时间变化，但方向不随时间变化的电流叫脉动电流，如图 3-1-5（b）所示。直流电的文字符号用字母"DC"表示，图形符号用"－"表示。在实际应用中，若不特别强调，一般所说的直流电流是指稳恒电流。如果电流的大小和方向都随时间周期性变化，这样的电流叫交流电流，如图 3-1-5（c）所示。交流电的文字符号用字母"AC"表示，图形符号用"～"表示。

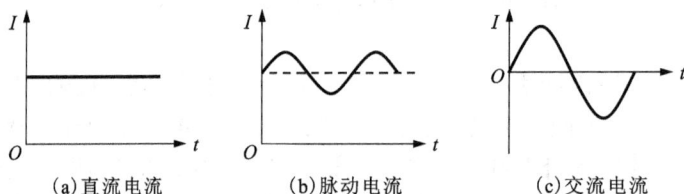

(a)直流电流　　　　　(b)脉动电流　　　　　(c)交流电流

图 3-1-5　直流电流、脉动电流和交流电流

例 3.1.1　某导体在 0.5 min 的时间内通过导体横截面的电荷量是 120 C，求导体中的电流。

解：由电流公式可得

$$I = \frac{q}{t} = \frac{120}{30} = 4(\text{A})$$

3.1.4.2　电压

俗话说："水往低处流。"水总是从水位高的地方流向水位低的地方。如图 3-1-6 所示，如果高处的水槽 A 装满了水，水流自然流向了低处的水槽 B。在这个过程中，水会做功。

电与水类似，如图 3-1-7 所示，如果带正电体 A 和带负电体 B 之间存在一定的电位差（电压），只要用导线连接带电体 A、B，就会有电流流动，电流也会做功，即电荷在电场中受到电场力的作用而做功。电压就是衡量电场力做功能力大小的物理量。

A、B 两点间的电压 U_{AB} 在数值上等于电场力把电荷由 A 点移到 B 点所做的功 W_{AB} 与被移动电荷的电荷量 q 的比值。用公式表示为

$$U_{AB} = \frac{W_{AB}}{q} \tag{3-1-2}$$

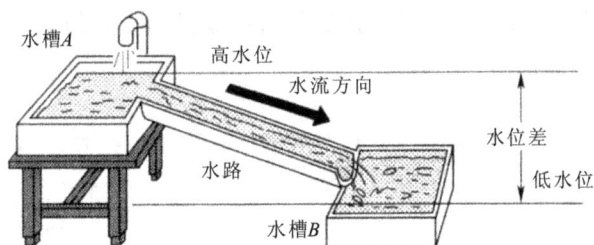

图 3-1-6　水往低处流

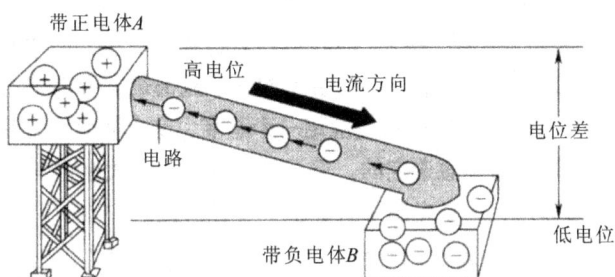

图 3-1-7　电流从高电位流向低电位

式中：q——由 A 点移到 B 点的电荷量，单位是库［仑］，符号为 C；

　　　W_{AB}——电场力将 q 由 A 移到 B 所做的功，单位是焦［耳］，符号为 J；

　　　U_{AB}——A、B 两点间的电压，单位是伏［特］，符号为 V。

　　在国际单位制中，电压的单位是伏特，简称伏，符号是 V。常用的电压单位还有千伏（kV）、毫伏（mV），它们之间的换算关系为：

$$1\text{ kV} = 10^3\text{ V}$$

$$1\text{ V} = 10^3\text{ mV}$$

　　规定电压的方向由高电位指向低电位，即电位降低的方向。因此，电压也常被称为电压降。电压的方向可以用高电位指向低电位的箭头表示，也可以用高电位标"＋"，低电位标"－"来表示，如图 3-1-8 所示。

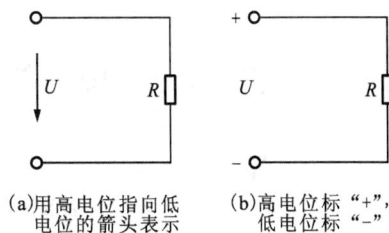

(a)用高电位指向低电位的箭头表示　(b)高电位标"＋"，低电位标"－"

图 3-1-8　电压方向的表示

　　电压有正负。如果 $U_{AB} > 0$，说明 A 点电位比 B 点电位高；如果 $U_{AB} = 0$，说明 A 点电位与 B 点电位相等；如果 $U_{AB} < 0$，说明 A 点电位比 B 点电位低。

　　与电流相似，在电路计算时，事前无法确定电压的真实方向，常事先选定参考方向。用"＋""－"标在电路图中，如果电压计算的结果为正值，那么电压的真实方向与参考方向一致；如果电压计算的结果为负值，则电压的真实方向与参考方向相反。

3.1.4.3　电位

电压就是两点间的电位差。讲到电压必须说明是哪两点间的电压。在电路中, A、B 两点间的电压等于 A、B 两点间的电位之差, 即

$$U_{AB} = V_A - V_B \qquad\qquad (3-1-3)$$

如同水路中的每一处都是有水位一样, 电路中的每一点都是有电位的。讲水位首先要确定一个基准面(即参考面), 讲电位也一样, 要先确定一个基准, 这个基准称为参考点, 规定参考点的电位为零。原则上参考点是可以任意选定的, 但习惯上通常选择大地为参考点。在实际电路中也选取公共点或机壳作为参考点, 一个电路中只能选一个参考点。

电路中各点的电位是相对的, 与参考点的选择有关。某点电位等于该点与参考点间的电压。比参考点高的电位为正, 比参考点低的电位为负。

电压和电位的单位都是伏特, 但电压和电位是两个不同的概念。电压是电场中两点间的电位差, 即 $U_{AB} = V_A - V_B$, 它是不变值, 与参考点的选择无关; 而电位是电场中某点对参考点的电压, 即 $V_A = U_{AB}$(B 为参考点), 它是相对值, 与参考点的选择有关。

例 3.1.2　电路如图 3-1-9 所示, 已知: 以 O 点为参考点, $V_A = 10$ V, $V_B = 5$ V, $V_C = -5$ V。

(1)求 U_{AB}、U_{BC}、U_{AC};

(2)若以 B 点为参考点, 求各点电位和电压 U_{AB}、U_{BC}、U_{AC}。

解: (1) $U_{AB} = V_A - V_B = 10 - 5 = 5 (\text{V})$

$U_{BC} = V_B - V_C = 5 - (-5) = 10 (\text{V})$

$U_{AC} = V_A - V_C = 10 - (-5) = 15 (\text{V})$

(2) 若以 B 点为参考点, 则

$V_B = 0 (\text{V})$

$V_A = U_{AB} = 5 (\text{V})$

$V_C = U_{CB} = -U_{BC} = -10 (\text{V})$

$U_{AB} = V_A - V_B = 5 - 0 = 5 (\text{V})$

$U_{BC} = V_B - V_C = 0 - (-10) = 10 (\text{V})$

$U_{AC} = V_A - V_C = 5 - (-10) = 15 (\text{V})$

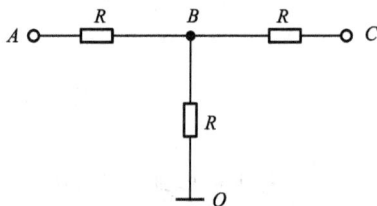

图 3-1-9　例 3.1.2 电路

3.1.5　基础知识三: 电源与电动势

3.1.5.1　电源

图 3-1-10 所示为一个闭合的水路, 水槽 B 处的水由水泵从低处送到高处的水槽 A, 再由水槽 A 从高处流向低处的水槽 B。在这个水路中, 如果水泵不工作, 水路中就没有水流, 也就是说水泵是这个水路的水源。

电路也类似, 图 3-1-11 所示为一个闭合的电路。当正电荷由干电池正极 A 经外电路移到负极 B 时, 与负极 B 上的负电荷中和, 使 A、B 两极板上聚集的正、负电荷数减少, 两极板间电位差随之减小, 电流随之减小, 直至正、负电荷完全中和, 电流中断。为保证电路中有持续不断的电流, 就需要干电池把正电荷从负极 B 源源不断地移到正极 A, 保证

A、*B* 两极间电压不变，电路中才能有持续不断的电流，干电池是这个电路的电源。

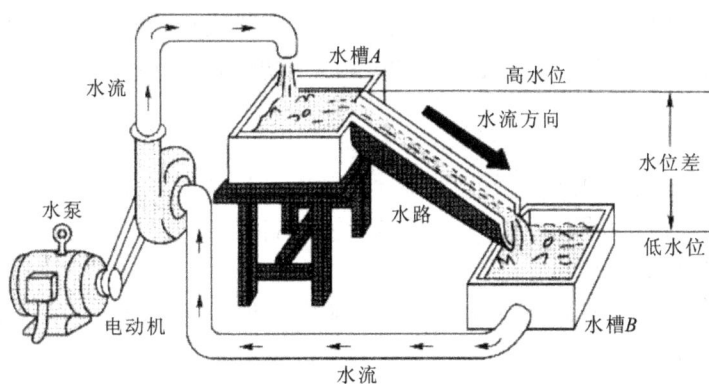

图 3 - 1 - 10　闭合水路示意图

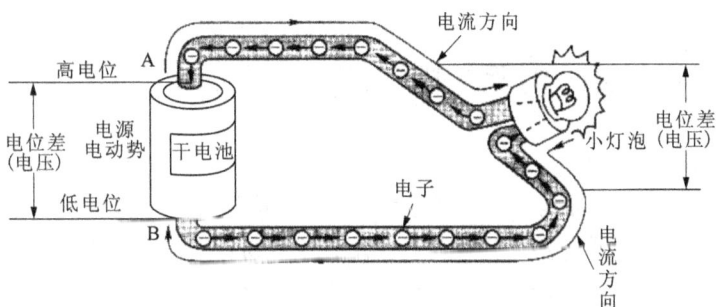

图 3 - 1 - 11　闭合电路示意图

　　电源是把其他形式的能转换成电能的装置，电源种类很多，如干电池、蓄电池、发电机、光电池等。

　　在电路中，电源以外的部分叫外电路，电源以内的部分叫内电路，如图 3 - 1 - 12 所示。电源的作用就是把正电荷由低电位的负极经内电路送到高电位的正极，内电路和外电路连接成闭合电路，这样外电路中就有了电流。

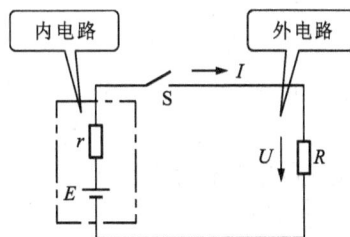

图 3 - 1 - 12　外电路与内电路

3.1.5.2　电动势

　　在外电路中，电场力把正电荷由高电位经过负载移动到低电位。那么，在内电路中，也必定有一种力能够不断地把正电荷从低电位移到高电位，这种力叫作电源力。

　　因此，在电源内部，电源力不断地把正电荷从低电位移到高电位。在这个过程中，电源力要反抗电场力做功，这个做功过程就是电源将其他形式的能转换成电能的过程。对于不同的电源，电源力做功的性质和大小不同，衡量电源力做功能力大小的物理量叫作电源电动势。

在电源内部，电源力把正电荷从低电位(负极)，移到高电位(正极)反抗电场力所做的功 W 与被移动电荷的电荷量 q 的比，叫作电源的电动势 E。用公式表示为

$$E = \frac{W}{q} \qquad\qquad (3-1-4)$$

式中：W——电源力移动正电荷做的功，单位是焦[耳]，符号为 J；

　　　q——电源力移动的电荷量，单位是库[仑]，符号为 C；

　　　E——电源电动势，单位是伏[特]，符号为 V。

电源内部电源力由负极指向正极，因此电源电动势的方向规定为由电源的负极(低电位)指向正极(高电位)。

特别应当指出的是电动势与电压是两个物理意义不同的物理量。电动势存在于电源内部，是衡量电源力做功本领的物理量；电压存在于电源的内、外部，是衡量电场力做功本领的物理量；电动势的方向从负极指向正极，即电位升高的方向；电压的方向是从正极指向负极，即电位降低的方向。

3.1.6　基础知识四：电阻和电阻定律

3.1.6.1　物质的分类
根据物质导电能力的强弱，一般可分为导体、绝缘体和半导体。

导体的原子核对外层电子吸引力很小，电子较容易挣脱原子核的束缚，形成大量自由电子。一切导体都能导电，如银、铜、铝等是电的良导体。

绝缘体的原子核对外层电子有较大的吸引力，电子很难挣脱原子核的束缚而形成自由电子。绝缘体不能导电，如玻璃、胶木、陶瓷、云母等。

半导体的导电性能介于导体和绝缘体之间，如硅、锗等。

3.1.6.2　电阻
导体中的自由电子在电场力的作用下定向运动，形成电流。做定向运动的自由电子，要与在平衡位置附近不断振动的原子发生碰撞，阻碍自由电子的定向运动。这种阻碍作用使自由电子定向运动的平均速度降低，自由电子的一部分动能转换成分子热运动热能。导体对电流的阻碍作用叫电阻，用字母 R 表示。任何物体都有电阻，当有电流流过时，都要消耗一定的能量。

3.1.4.3　电阻定律
导体电阻的大小不仅和导体的材料有关，还和导体的尺寸有关。经实验证明，在温度不变时，一定材料制成的导体的电阻跟它的长度成正比，跟它的截面积成反比。这个实验规律叫作电阻定律。

均匀导体的电阻可用公式表示为

$$R = \rho \frac{L}{S} \qquad\qquad (3-1-5)$$

式中：ρ——电阻率，其值由电阻材料的性质决定，单位是欧[姆]米，符号为 $\Omega \cdot m$，可查

表 3 - 1 - 2;

  L——导体的长度，单位是米，符号为 m；

  S——导体的截面积，单位是平方米，符号为 m^2；

  R——导体的电阻，单位是欧[姆]，符号为 Ω。

  在国际单位制中，电阻的常用单位还有千欧（$k\Omega$）和兆欧（$M\Omega$）：

$$1\ k\Omega = 10^3\ \Omega$$

$$1\ M\Omega = 10^3\ k\Omega = 10^6\ \Omega$$

几种常用材料在 20℃时的电阻率见表 3 - 1 - 2。

表 3 - 1 - 2 20℃时材料的电阻率

用途	材料名	$\rho/(\Omega \cdot m)$
导电材料	银	1.65×10^{-8}
	铜	1.75×10^{-8}
	铝	2.83×10^{-8}
	低碳钢	1.3×10^{-7}
电阻材料	铂	1.06×10^{-7}
	钨	5.3×10^{-8}
	锰铜	4.4×10^{-7}
	康铜	5.0×10^{-7}
	镍铬铁	1.0×10^{-6}
	碳	1.0×10^{-6}

  导体的电阻不仅和材料性质、尺寸有关，还和温度有关。对金属导体而言，温度升高使分子的热运动加剧，而自由电子数几乎不随温度变化，电荷运动时碰撞次数增多，受到的阻碍作用加大，导体的电阻增加。有些半导体和电解液，温度升高自由电荷数目增加所起的作用超过分子热运动加剧所起的阻碍作用，电阻减小。在一般情况下，电阻随温度的变化不大，其影响可不用考虑。

  例 3.1.3 一根铜导线长 $L = 2\ 000$ m，截面积 $S = 2\ mm^2$，导线的电阻是多少？

  解：查表可知铜的电阻率 $\rho = 1.75 \times 10^{-8}\ \Omega \cdot m$，由电阻定律可求得

$$R = \rho \frac{l}{S} = \frac{1.75 \times 10^{-8} \times 2000}{2 \times 10^{-6}} = 17.5\ (\Omega)$$

  例 3.1.4 有一根阻值为 1 Ω 的电阻丝，将它均匀拉长为原来的 3 倍，拉长后电阻丝的阻值为多少？

  解：设电阻丝长 L，截面积 S，则它的体积 $V = SL$。

$$R = \rho \frac{L}{S} = 1\ (\Omega)$$

在均匀拉长过程中，体积 V 一定，长度 $L' = 3L$，则 $S' = \dfrac{S}{3}$。

$$R' = \rho \frac{L'}{S'} = \rho \frac{3L}{S/3} = 9\rho \frac{L}{S} = 9 \ (\Omega)$$

3.1.7　基础知识五：欧姆定律

3.1.7.1　部分电路欧姆定律

在图 3 - 1 - 13 所示 a、b 段电阻电路中，电路中的电流 I 与电阻两端的电压 U 成正比，与电阻 R 成反比。这个从实验中得到的结论叫作部分电路欧姆定律。图中电阻 R 上的电压参考方向与电流参考方向是一致的，即电流从电压的正极性端流入元件而从它的负极性端流出，称为关联参考方向。部分电路欧姆定律可以用公式表示为

$$I = \frac{U}{R} \qquad (3 - 1 - 6)$$

线性电阻中电流的真实方向总是从电压的正极性端流向负极性端，即从高电位流向低电位，上式只在关联参考方向时才能成立。当 U、I 间为非关联参考方向（U、I 参考方向相反）时，欧姆定律应写成 $I = -\dfrac{U}{R}$，式中"-"切不可漏掉。

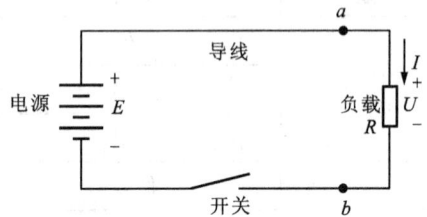

图 3 - 1 - 13　部分电路欧姆定律

值得注意的是，电阻值不随电压、电流变化而变化的电阻叫作线性电阻，由线性电阻组成的电路叫线性电路。阻值随电压、电流的变化而改变的电阻，叫非线性电阻，含有非线性电阻的电路叫非线性电路。欧姆定律只适用于线性电路。

例 3.1.5　某段电路的电压是一定的，当接上 10 Ω 的电阻时，电路中产生的电流是 1.5 A；若用 25 Ω 的电阻代替 10 Ω 的电阻，电路中的电流为多少？

解： 电路中电阻为 10Ω 时，由欧姆定律得

$$U = IR = 1.5 \times 10 = 15 \ (V)$$

用 25 Ω 的电阻代替 10 Ω 的电阻，电路中电流 I' 为

$$I' = \frac{U}{R'} = \frac{15}{25} = 0.6 \ (A)$$

3.1.7.2　全电路欧姆定律

一个由电源和负载组成的闭合电路叫作全电路，如图 3 - 1 - 14 所示。R 为负载的电阻、E 为电源电动势、r 为电源的内阻。

电路闭合时，电路中有电流 I。电源力做功把其他形式的能转化为电能 W，其中一部分能量 W_1 消耗在电源内部（内电路），另一部分能量 W_2 消耗在电源外部（外电路）。根据能量转换与守恒定律，必然有

$$W = W_1 + W_2$$

又因为 $W = qE$；$W_1 = qU_内$；$W_2 = qU_外$ 将它们代入上式，则有

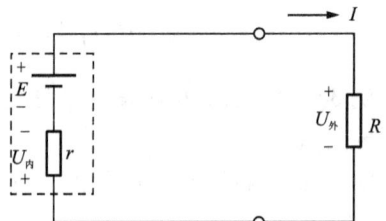

图 3 - 1 - 14　全电路欧姆定律

$$E = U_内 + U_外$$

由部分电路欧姆定律，可知 $U_外 = IR$；$U_内 = Ir$

可以得到

$$E = I(R + r)$$

即

$$I = \frac{E}{r + R} \quad\quad\quad (3-1-7)$$

式中：E——电源电动势，单位是伏[特]，符号为 V；

　　　R——负载电阻，单位是欧[姆]，符号为 Ω；

　　　r——电源内阻，单位是欧[姆]，符号为 Ω；

　　　I——闭合电路的电流，单位是安[培]，符号为 A。

上式说明，闭合电路中的电流与电源电动势成正比，与电路的总电阻(内电路电阻与外电路电阻之和)成反比，这一规律叫全电路欧姆定律。

例 3.1.6　有一闭合电路，电源电动势 $E = 12$ V，其内阻 $r = 2$ Ω，负载电阻 $R = 10$ Ω，试求电路中的电流、负载两端的电压、电源内阻上的电压降。

解：根据全电路欧姆定律

$$I = \frac{E}{r + R} = \frac{12}{10 + 2} = 1 \text{（A）}$$

由部分电路欧姆定律，可求负载两端电压

$$U_外 = IR = 1 \times 10 = 10 \text{（V）}$$

电源内阻上的电压降为

$$U_内 = Ir = 1 \times 2 = 2 \text{（V）}$$

3.1.8　技能实训：伏安法测电阻

由部分电路欧姆定律 $I = \dfrac{U}{R}$，只要测出元件两端电压和通过的电流，即可由欧姆定律求出该电阻的阻值。

3.1.8.1　实训目的

(1)掌握直流电压表和电流表的使用方法。

(2)能够借助直流电压表和电流表测定电阻阻值。

3.1.8.2　实训器材

可调直流稳压电源、指针式电压表、指针式电流表、可调电阻箱、色环电阻，如图 3-1-15 所示。

3.1.8.3　实训内容与步骤

1. 实训电路设计

将电流表与电阻串联起来可进行电流测量，将电压表与电阻并联可进行电压测量，在这里我们可用两种方法：一种是将电流表与电阻串联后再与电压表并联，我们将其称为电流表内接法(内测法)，如图 3-1-16，由于电流表的分压，电压表测出的电压比电阻两端

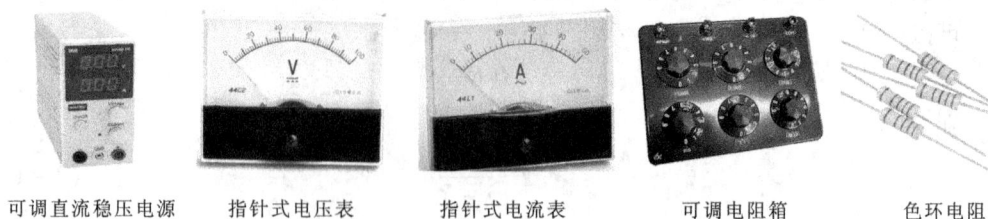

可调直流稳压电源　　指针式电压表　　指针式电流表　　可调电阻箱　　色环电阻

图 3 – 1 – 15　实训所需器材

的电压大些，这样计算出的电阻值就要比实际值大些；另一种是将电压表与电阻并联后再与电流表串联，我们将其称为电流表外接法(外测法)，如图 3 – 1 – 17，由于电压表的分流，电流表测出的电流比通过电阻的电流要大些，这样计算出的电阻值就要比实际值小些。小组自行讨论设计实验电路图。

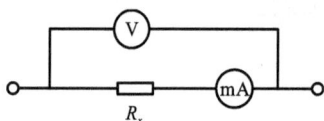

图 3 – 1 – 16　内测法测量

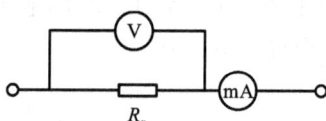

图 3 – 1 – 17　外测法测量

2. 根据小组设计的电路图进行实物接线

注意：

在电路连线和未检查前必须断开电源开关，并断开电源线。在电路的连接中除了要按电路要求进行连接外，还需要注意电压表与电流表的正负极，电压表与电流表的正极均需要连接到电源正极方向，否则会出现指针反偏损坏仪表。

测量电阻箱的阻值外接法实物接线图和内接法实物接线图分别如图 3 – 1 – 18、图 3 – 1 – 19 所示。

3. 数据测量

在测量电路中分别接入 3 个不同的电阻，每个电阻用内测法和外测法各测量一次，并分别将测量所得的电压与电流值填入表 3 – 1 – 3 中。

表 3 – 1 – 3　数据记录表

序号	电流 I/A	电压 U/V	标称值	计算电阻值 R_X/Ω	相对误差
1					
2					
3					
4					
5					
6					

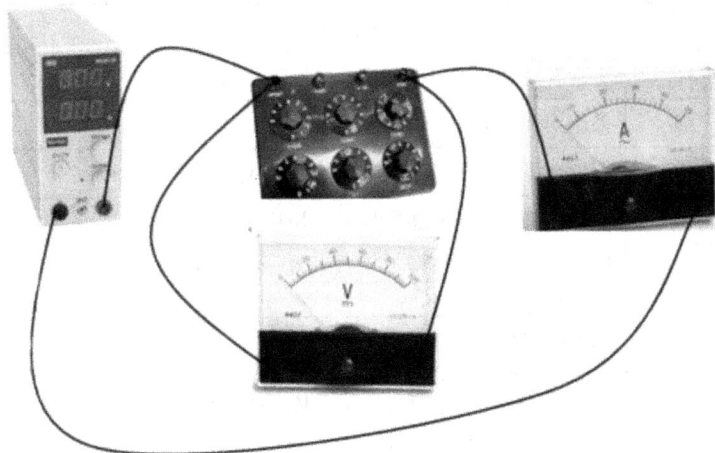

图 3 - 1 - 18 外接法实物接线图

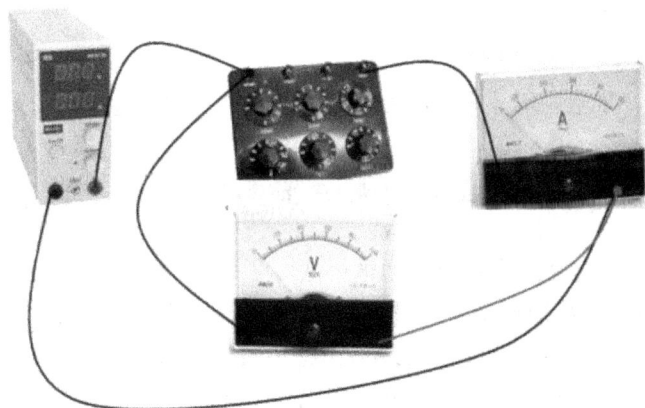

图 3 - 1 - 19 内接法实物接线图

4. 数据记录

根据欧姆定律计算出电阻值,并计算出测量值的相对误差。

相对误差的计算:

$$相对误差 = \left| \frac{测量值 - 标称值}{标称值} \right| \times 100\% 。$$

3.1.8.4 实训考核

伏安法测电阻考核评价如表 3 - 1 - 4 所示。

表 3 – 1 – 4　伏安法测电阻考核评价表

评价内容		配分	考核点	得分	备注
职业素养与操作规范（30分）		5	正确着装和佩戴防护工具，做好工作前准备		出现明显失误造成贵重元件或仪表、设备损坏等安全事故；严重违反实训纪律，造成恶劣影响的记0分
		5	采用正确的方法选择器材、器件		
		10	合理选择工具进行安装、连接，不浪费线材		
		5	能按正确操作流程进行实施，并及时记录数据		
		5	任务完成后，整齐摆放工具及凳子，整理工作台面等并符合"6S"要求		
作品质量（70分）	工艺	30	①器件布局合理、美观；②导线整齐美观；③线头绝缘剥削合适，连接点长度合适；④安装完毕，台面清理干净		
	功能	10	①电路连接后，能正确进行各项参数的测量；②测量数据准确无误		
	分析	30	对各项参数进行测量，及时记录，并能对数据进行分析		

3.1.8.5　实训小结

伏安法测量同一个电阻时，内测法和外测法测量的相对误差有什么不同？

3.1.9　拓展提高：惠斯通电桥测电阻

要比较准确地测量电阻，常用惠斯通电桥法。

图 3 – 1 – 20 所示是惠斯通电桥原理图。R_1、R_2、R_3、R_4 四个电阻是电桥的四个臂，其中 R_4 是待测电阻，其余三个是可调的已知电阻。G 是灵敏电流计，用来比较 A、B 两点的电位。调节已知电阻的阻值，使通过电流计的电流 $I_G = 0$，这时电桥平衡，表明 A、B 两点的电位相同，则有

$$I_1 = I_2，I_3 = I_4$$

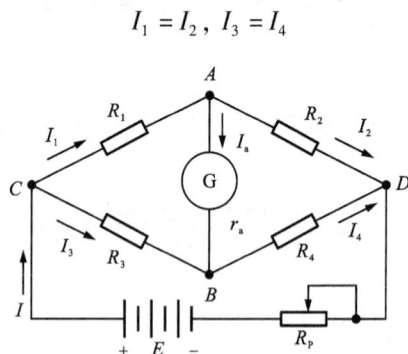

图 3 – 1 – 20　惠斯通电桥原理图

R_1 和 R_3 上的电压降相等，R_2 和 R_4 上的电压降也相等，所以

$$I_1R_1 = I_3R_3, \quad I_2R_2 = I_4R_4$$

将两式相除，即得

$$\frac{R_1}{R_2} = \frac{R_3}{R_4} \quad \text{或} \quad R_1R_4 = R_2R_3 \tag{3-1-8}$$

由于 R_1、R_2、R_3 都是已知的，利用上式就可求出 R_4。

从上述原理可知电桥平衡条件是：电桥对臂电阻的乘积相等。

任务 3.2　电压表和电流表量程的扩展

3.2.1　任务描述

采取电阻的串联、并联和混联，不仅可实现电阻阻值的多种变化，还可实现分压和分流的作用。本任务介绍电能与电功率、串联与并联电路特点和如何运用电阻的串、并联知识实现对电压表和电流表量程的扩展。

3.2.2　任务目标

(1) 理解电能和电功率的概念，掌握电能、电功率和电路功率平衡的计算方法。

(2) 掌握串、并联电路的性质和作用，理解串联分压、并联分流和功率分配的原理。

(3) 掌握混联电路的分析和计算。

(4) 会运用串、并联知识，实现电压表和电流表量程的扩大。

3.2.3　基础知识一：电能与电功率

3.2.3.1　电能

电流能使电灯发光，发动机转动，电炉发热……这些都是电流做功的表现。在电场力作用下，电荷定向运动形成的电流所做的功称为电能。电流做功的过程就是将电能转换成其他形式的能的过程。

如果加在导体两端的电压为 U，在时间 t 内通过导体横截面的电荷量为 q，导体中电流 $I = \dfrac{q}{t}$，根据电压的定义式

$$U = \frac{W}{q}$$

可知电流所做的功，即电能为

$$W = Uq = UIt \tag{3-2-1}$$

式中：U——加在导体两端的电压，单位是伏[特]，符号为 V；

$\quad$ I——导体中的电流，单位是安[培]，符号为 A；

$\quad$ t——通电时间，单位是秒，符号为 s；

W——电能，单位是焦［耳］，符号为 J。

上式表明，电流在一段电路上所做的功，与这段电路两端的电压、电路中的电流和通电时间成正比。

对于纯电阻电路，欧姆定律成立，即 $U = IR$，$I = \dfrac{U}{R}$。代入式（3 – 2 – 1）得到

$$W = \frac{U^2}{R}t = I^2Rt \qquad\qquad (3-2-2)$$

3.2.3.2　电功率

为描述电流做功的快慢程度，引入电功率这个物理量。电流在单位时间内所做的功叫作电功率。如果在时间 t 内，电流通过导体所做的功为 W，那么电功率为

$$P = \frac{W}{t} \qquad\qquad (3-2-3)$$

式中：t——完成这些功所用的时间，单位是秒，符号为 s；

　　　W——电能，单位是焦［耳］，符号为 J；

　　　P——电功率，单位是瓦［特］，符号为 W。

电功率的公式还可以写成

$$P = UI = \frac{U^2}{R} = I^2R \qquad\qquad (3-2-4)$$

3.2.3.3　电路中的功率平衡

电源力做功将其他形式的能转化为电能，负载电阻和电源内阻又将电能转化为热能，即消耗电能。在一个闭合回路中，根据能量守恒和转换定律，电源电动势发出的功率，等于负载电阻和电源内阻消耗的功率。即

$$P_{电源} = P_{负载} + P_{内阻} \qquad\qquad (3-2-5)$$

也可写成

$$IE = I^2R + I^2r$$

例 3.2.1　在图 3 – 2 – 1 中，已知电源电动势 $E = 20$ V，电阻 $R = 18$ Ω，内阻 $R_0 = 2$ Ω。试求电源输出功率和内外阻上消耗的功率。

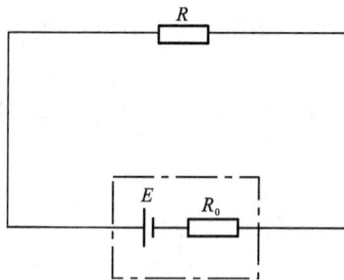

图 3 – 2 – 1　例 3.2.1 图

解： 总电阻　　　　　　　$R_{总} = R + R_0 = 18 + 2 = 20$（Ω）

总电流 $\qquad I = \dfrac{E}{R_{总}} = \dfrac{20}{20} = 1 \;(\text{A})$

外阻消耗功率 $\qquad P_R = I^2 \times R = 1 \times 18 = 18 \;(\text{W})$

内阻消耗功率 $\qquad P_{R0} = I^2 \times R_0 = 1 \times 2 = 2 \;(\text{W})$

电源输出功率 $\qquad P_{总} = E \times I = 20 \times 1 = 20 \;(\text{W})$

功率平衡 $\qquad P_{总} = P_R + P_{R_0}$

3.2.4 基础知识二：电阻的串联

家里的配电箱中的熔断器熔断后，所有其他的用电器都断电无法工作，想一想熔断器是以什么方式接入电路的?

3.2.4.1 串联电路的特点

把电阻一个接一个地依次连接起来，就组成串联电路。串联电路的基本特点是：①电路中各处的电流相等；②电路两端的总电压等于各部分电路两端的电压之和。下面就从这两个基本特点出发，研究串联电路的几个重要性质。

1. 串联电路的总电阻

用 R 代表串联电路的总电阻，I 代表电流，根据欧姆定律，在图 3 - 2 - 2 中有

$$U = RI, \; U_1 = R_1 I, \; U_2 = R_2 I, \; U_3 = R_3 I$$

因为

$$U = U_1 + U_2 + U_3$$

所以

$$R = R_1 + R_2 + R_3 \qquad (3-2-6)$$

这就是说，串联电路的总电阻，等于各个电阻之和。

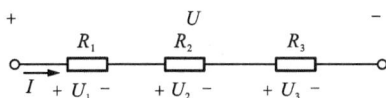

图 3 - 2 - 2 电阻的串联

2. 串联电路的电压分配

在串联电路中，由于

$$I = \frac{U_1}{R_1}, \; I = \frac{U_2}{R_2}, \; \cdots, \; I = \frac{U_n}{R_n}$$

所以

$$I = \frac{U_1}{R_1} = \frac{U_2}{R_2} = \cdots = \frac{U_n}{R_n} \qquad (3-2-7)$$

这就是说，串联电路中各个电阻两端的电压跟它的阻值成正比。

当只有两个电阻串联时，可得

$$I = \frac{U}{R_1 + R_2}$$

所以

$$U_1 = R_1 I = \frac{R_1}{R_1 + R_2} U \qquad (3-2-8)$$

$$U_2 = R_2 I = \frac{R_2}{R_1 + R_2} U \qquad (3-2-9)$$

这就是两个电阻串联时的分压公式。

3. 串联电路的功率分配

串联电路中某个电阻 $R_K (K = 1, 2, \cdots, n)$ 消耗的功率 $P_K = IU_K$，$U_K = IR_K$。因此，$P_K = I^2 R_K$，由于串联电路电流处处相等，所以

$$I^2 = \frac{P_1}{R_1} = \frac{P_2}{R_2} = \frac{P_3}{R_3} = \cdots = \frac{P_n}{R_n} \qquad (3-2-10)$$

这就是说，串联电路中各个电阻所消耗的功率与它的阻值成正比。

3.2.4.2 电阻串联的应用

在实际工作中，电阻串联有如下应用：

采用几个电阻构成分压器，使同一电源能供出几种不同的电压；当负载额定电压低于电源电压时，可用串联电阻的方法将负载接入电源；用小阻值的电阻串联来获得较大的电阻；利用串联电阻的方法限制和调节电路中电流的大小；在电工测量中，一般用串联电阻来扩大电压表的量程，以便测量较高的电压等。

例 3.2.2 在图 3-2-3 所示电路中，$R_1 = 100\ \Omega$，$R_2 = 200\Omega$，$R_3 = 300\ \Omega$，输入电压 $U_I = 12\ V$，试求输出电压 U_0 的变化范围。

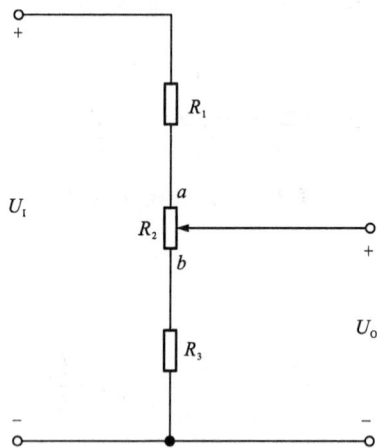

图 3-2-3 例 3.2.2 图

解：触点在 a 处，由分压公式得

$$U_{O1} = \frac{R_2 + R_3}{R_1 + R_2 + R_3} U_I = \frac{200 + 300}{100 + 200 + 300} \times 12 = 10\ (V)$$

触点在 b 处,由分压公式得

$$U_{02} = \frac{R_3}{R_1 + R_2 + R_3}U_1 = \frac{300}{100 + 200 + 300} \times 12 = 6\ (\text{V})$$

输出电压 U_0 的变化范围是 6~10 V。

3.2.5　基础知识三:电阻的并联

如果家里的用电器其中一个损坏了,其他用电器不会因此断电停止工作,想一想这些用电器是如何连接的?

3.2.5.1　并联电路的特点

把几个电阻并列地连接起来,就组成了并联电路,图 3－2－4 所示是三个电阻 R_1、R_2、R_3 组成的并联电路。并联电路的基本特点是:①电路中各支路两端的电压相等;②电路中的总电流等于各支路的电流之和。下面也从这两个基本特点出发,来研究并联电路的几个重要性质。

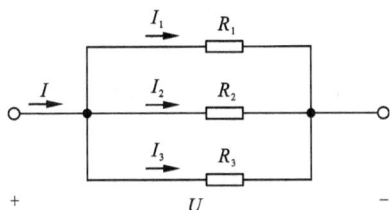

图 3 － 2 － 4　电阻的并联

1. 并联电路的总电阻

用 R 表示并联电路的总电阻,U 表示电压,根据欧姆定律,在图 3－2－4 中有

$$I = \frac{U}{R},\ I_1 = \frac{U}{R_1},\ I_2 = \frac{U}{R_2},\ I_3 = \frac{U}{R_3}$$

因为

$$I = I_1 + I_2 + I_3$$

所以

$$\frac{1}{R} = \frac{1}{R_1} + \frac{1}{R_2} + \frac{1}{R_3} \qquad (3-2-11)$$

这就是说,并联电路总电阻的倒数,等于各电阻的倒数之和。

2. 并联电路的电流分配

在并联电路中,由于各电阻两端的电压相等,所以

$$U = I_1 R_1 = I_2 R_2 = I_3 R_3 \qquad (3-2-12)$$

这就是说,并联电路中通过各个电阻的电流与它的阻值成反比。

当只有两个电阻并联时,可得

$$R = \frac{R_1 R_2}{R_1 + R_2}$$

所以

$$I_1 = \frac{R_2}{R_1 + R_2} I \qquad (3-2-13)$$

$$I_2 = \frac{R_1}{R_1 + R_2} I \qquad (3-2-14)$$

这就是两个电阻并联时的分流公式。

3. 并联电路的功率分配

并联电路中某个电阻 $R_K(K=1,2,\cdots,n)$ 消耗的功率 $P_K = UI_K$，而 $I_K = \dfrac{U}{R_K}$，所以，$P_K = \dfrac{U^2}{R_K}$。由于并联电路各电阻两端的电压相等，所以

$$P_1 R_1 = P_2 R_2 = \cdots = P_n R_n = U^2 \qquad (3-2-15)$$

这就是说，并联电路中各个电阻消耗的功率跟它的阻值成反比。

3.2.5.2 电阻并联的应用

在实际工作中，额定工作电压相同的负载都采用并联的工作方式，这样每个负载都是一个可独立控制的回路，任一负载的正常启动或关断都不影响其他负载的使用。

电阻并联主要有如下应用：

获得小电阻，为了选配合适阻值的电阻，有时将几个大阻值的电阻并联起来配成小阻值以满足电路的要求；扩大电流表量程，在电工测量中，经常在电流表两端并联分流电阻（亦称分流器），以扩大电流表的量程，并且通过合理分流电阻，可以制成不同量程的电流表等。

例 3.2.3 如图 3-2-5 所示，有一个表头，满偏电流 $I_g = 100\ \mu A$，内阻 $r_g = 1\ k\Omega$。若要将其改装为量程 1 A 的电流表，需要并联多大的分流电阻？

解： 根据并联电路特点可知

$$I_R = I - I_g = 1 - 100 \times 10^{-6} = 0.9999\ (A)$$

可求得分流电阻大小为

$$R_S = \frac{U_R}{I_R} = \frac{I_g r_g}{I_R} = \frac{10^{-4} \times 10^3}{0.9999} \approx 0.1\ (\Omega)$$

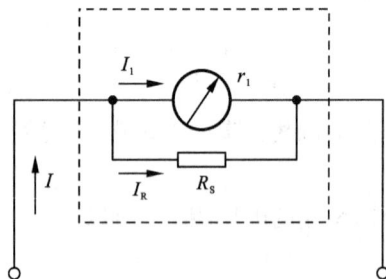

图 3-2-5 例 3.2.3 图

3.2.6   基础知识四：电阻的混联

既有电阻串联，又有电阻并联的电路叫作电阻的混联，如图 3 - 2 - 6 所示。混联电路的串联部分具有串联电路性质，并联部分具有并联电路性质。

电阻混联电路的分析、计算方法和步骤如下。

例 3.2.4   已知如图 3 - 2 - 6 所示，$R_1 = R_2 = R_3 = R_4 = R_5 = 1\ \Omega$，求 AB 间等效电阻 R_{AB}。

解：步骤一：把混联电路分解为若干个串联和并联电路，如图 3 - 2 - 7 所示。从图中可以看出 R_3 和 R_4 串联，可运用串联知识将其变成一个电阻 $R' = 2\ \Omega$，变后电路如图 3 - 2 - 8 所示。

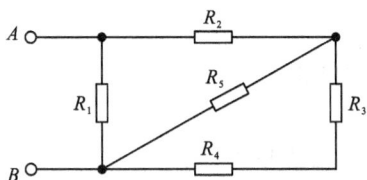

图 3 - 2 - 6   电阻的混联

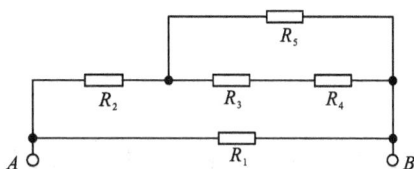

图 3 - 2 - 7   步骤一

步骤二：从图 3 - 2 - 8 中可以看出 R' 和 R_5 并联，可运用并联知识将其变成一个电阻 $R'' = \dfrac{2}{3}\Omega$，变后电路如图 3 - 2 - 9 所示。

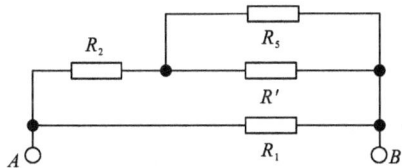

图 3 - 2 - 8   步骤二

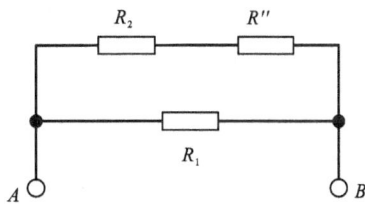

图 3 - 2 - 9   步骤三

步骤三：从图 3 - 2 - 9 中可以看出 R'' 和 R_2 串联，可运用串联知识进行合并，合并后电阻为 $\dfrac{5}{3}\Omega$，$\dfrac{5}{3}\Omega$ 电阻再与 R_1 并联，最后运用并联电路知识即可求出等效电阻为 $\dfrac{5}{8}\Omega$。

在分析混联电路时，牢牢抓住 A、B 两点，电路分析逐步从繁到简，最后计算出等效电阻的结果。

3.2.7   技能实训：电流表和电压表扩展量程

3.2.7.1   实训目的

(1) 掌握直流电压表、电流表扩展量程的原理和设计方法；

（2）学会校验仪表的方法。

3.2.7.2　实训器材

直流数字电压表、直流数字电流表、恒压源（双路 0 ~ 30 V 可调）、电阻箱、固定电阻、电位器、磁电式表头（1 mA、160 Ω）、倍压电阻、分流电阻、电位器。

3.2.7.3　实训原理

多量程电压表或电流表由表头和测量电路组成。表头通常选用磁电式仪表，其满量程和内阻用 I_g 和 R_g 表示。多量程（如 5 V、50 V）电压表的测量电路如图 3 - 2 - 10 所示。

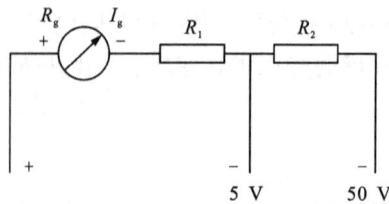

图 3 - 2 - 10　多量程电压表测量电路

图中 R_1、R_2 称为倍压电阻，它们的阻值与表头参数应满足下列方程：

$$I_g(R_g + R_1) = 5 \text{ V}$$
$$I_g(R_g + R_1 + R_2) = 50 \text{ V}$$

多量程（如 10 mA、100 mA）电流表的测量电路如图 3 - 2 - 11 所示，图中 R_3、R_4 称为分流电阻，它们的大小与表头参数应满足下列方程：

$$R_g I_g = (R_3 + R_4) \times 10 \times 10^{-3}$$
$$(R_g + R_3) I_g = R_4 \times 100 \times 10^{-3}$$

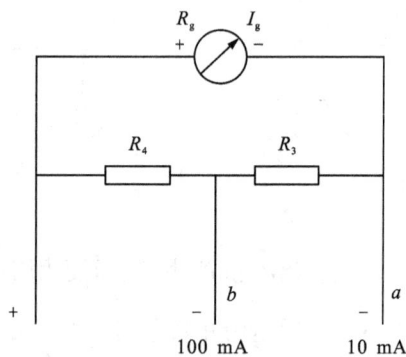

图 3 - 2 - 11　多量程电流表测量电路

当表头参数确定后，倍压电阻和分流电阻均可计算出来。

根据上述原理和计算，可以得到仪表扩展量程的方法。

扩展电压量程：用表头直接测量电压的最大值为 $I_g R_g$，当用它来测量 5 V 电压时，必须串联倍压电阻 R_1，若测量 50 V 电压时，必须串联倍压电阻 R_1 和 R_2。

扩展电流量程：用表头直接测量电流的最大值为 I_g，当用它来测量大于 I_g 的电流时，

必须并联分流电阻 R_3、R_4，如图 3 - 2 - 11 所示，当测量 10 mA 时，"-"端从"a"引出，当测量 100 mA 时，"-"端从"b"引出。

通常，用一个适当阻值的电位器与表头串联，以便在校验仪表时校正测量数值。

磁电式仪表用来测量直流电压、电流时，表盘上的刻度是均匀的(即线性刻度)。因而，扩展后的表盘刻度根据满量程均匀划分即可。在仪表校验时，必须首先校准满量程，然后逐一校验其他各点。

3.2.7.4　实训内容与步骤

1. 扩展电压表量程(5 V、50 V)

参考图 3 - 2 - 10 所示电路，首先根据表头参数 I_g(1 mA)和 R_g(160 Ω)计算出倍压电阻 R_1、R_2，然后表头和电位器 R_{P1} 以及倍压电阻 R_1、R_2 相串联，分别组成 5 V 和 50 V 的电压表。用它测量恒压源可调电压输出端电压，并用直流数字电压表校验，如在满量程时有误差，用电位器 R_{P1} 调整，然后校验其他各点，将校验数据记录在自拟的数据表格中。

2. 扩展电流量程(10 mA、100 mA)

参考图 3 - 2 - 11 所示电路，根据表头参数 I_g(1 mA)和 R_g(160 Ω)计算出分流电阻 R_3、R_4，将表头和电位器 R_{P2} 串联，然后和分流电阻 R_3、R_4 并联。当测量 10 mA 时，"-"端从"a"引出，当测量 100 mA 时，"-"端从"b"引出。用它测量图 3 - 2 - 12 所示电路中的电流，并用直流数字电流表校验，如在满量程时有误差，用电位器 R_{P2} 调整，然后校验其他各点，将校验数据记录在自拟的数据表格中。

图 3 - 2 - 12 中，电源用恒压源的 12 V 输出端，制作的电流表、直流数字电流表和电阻 R_{L1}、R_{L2} 串联，其中，R_{L1} = 51 Ω，R_{L2} 用 1 kΩ 的电位器。

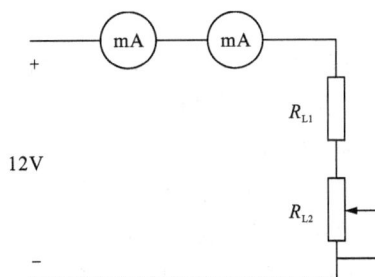

图 3 - 2 - 12　电流检测与校验电路

3.2.7.5　实训注意事项

(1)磁电式表头有正、负两个连接端，电路中一定要保证电流从正端流入，否则，指针将反转。

(2)电流表的表头和分流电阻要可靠连接，不允许分流电阻断开。

(3)校准 5 V 和 50 V 电压表满量程时，均要调整电位器 R_{P1}。同样，在校准 10 mA、100 mA 电流表满量程时，均要调整电位器 R_{P2}。

3.2.7.6　实训考核评价

电流表和电压表扩量程的评价如表 3 - 2 - 1 所示。

表3-2-1　电流表和电压表扩量程评价表

评价内容		配分	考核点	备注
职业素养与 操作过程规范 (30分)		5	正确着装和佩戴防护用具，做好工作前准备	出现明显失误造成贵重元件或仪表、设备损坏等安全事故；严重违反实训纪律，造成恶劣影响的记0分
		5	采用正确的方法选择器材、器件	
		10	合理选择工具进行安装、连接，不浪费线材料	
		5	能按正确流程进行任务实施，并及时记录数据	
		5	任务完成后，整齐摆放工具及凳子、整理工作台面等并符合"6S"要求	
作品质量 (70分)	电路设计与安装	30	①阻值计算正确；②设计的电路符合现实要求；③注意的各电阻的最大功率与允许电流	
	功能	10	电路连接后，能正常进行测量，符合国家标准	
	数据分析	30	对各项参数进行测量、及时记录，并能对数据进行分析	

3.2.8　拓展提高：电容器的连接

电容器是电路的基本元件之一，在电子技术中常用于滤波、移相、选频等；在电力系统中，电容器可用来提高电力系统的功率因数。

3.2.8.1　电容器和电容

被绝缘介质隔开的两个导体的总体，叫作电容器，组成电容器的两个导体称为极板，中间的绝缘物质称为电介质。常见电容器的电介质有空气、纸、油、云母、塑料、陶瓷等。

电容器最基本的特性是能够储存电荷。把电容器的两极分别与直流电源的正、负极相接后，与电源正极相接的电容器一个极板上的电子被电源正极吸引而带正电荷，电容器另一个极板会从电源负极获得等量的负电荷，从而使电容器储存了电荷，如图3-2-13所示。

电容器极板上所储存的电荷随着外接电源电压的增高而增高。对某一个电容器而言，其中任意一个极板所储存的电荷量，与两个极板间电压的比值是一个常数，但是对于不同的电容器，这一比值则不相同。因此，常用这一比值来表示电容器储存电荷的本领。如果电容器两极板间的电压是 U 时，电容器任一极板所带电荷量是 Q，那么 Q 与 U 的比值叫电容器的电容量，简称电容，用字母 C 表示，即

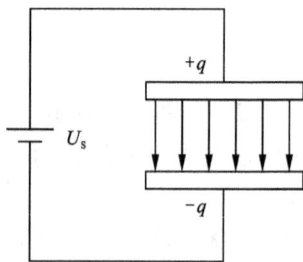

图3-2-13　与电源连接的电容器

$$C = \frac{Q}{U} \qquad (3-2-16)$$

式中：Q——一个极板上的电荷量，单位是库[仑]，符号为 C；

U——两极板间的电压，单位是伏[特]，符号为 V；

　　C——电容，单位是法［拉］，符号为 F。

　　如果在电容器两极板间加 1 V 电压，每个极板所储存的电荷量为 1 C，则其电容就为 1 F。

　　在实际应用中，法拉的单位太大，常用较小的单位，如微法（μF）和皮法（pF），它们之间的换算关系是

$$1 \text{ F} = 10^6 \text{ μF} = 10^{12} \text{ pF}$$

3.2.8.2　电容器的连接

　　在实际应用中，电容器的选择主要考虑电容器的容量和额定工作电压。如果电容器的容量和额定工作电压不能满足电路要求，可以将电容器适当连接，以满足电路工作要求。

　　1.电容器串联电路

　　将两只或两只以上的电容器首尾依次相联，中间无分支的连接方式叫作电容器的串联。以两只电容器串联为例，如图 3 - 2 - 14 所示。

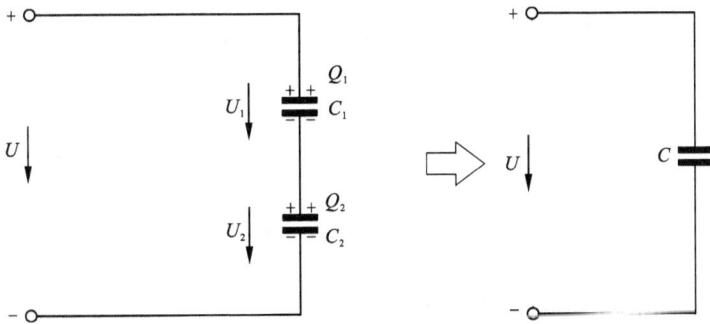

图 3 - 2 - 14　电容器串联电路

　　(1)电容器串联电路各电容器所带的电量相等。

　　在电容串联电路中，将电源接到这个电容器组的两个极板上，当给电容器 C_1 上面的极板充上电荷量 $+Q$ 时，则下面的极板由于静电感应而产生电荷量 $-Q$，这样电容器 C_2 上面的极板出现电荷量 $+Q$，下面的极板带电量 $-Q$。因此，每个电容器的极板上充有等量异种电荷，因此各电容器所带的电量相等，并等于串联后等效电容器上所带的电量，即：

$$Q = Q_1 = Q_2$$

　　(2)电容器串联电路的总电压等于每个电容器两端电压之和。即

$$U = U_1 + U_2$$

　　(3)电容器串联电路的等效电容的倒数等于各个分电容的倒数之和。

　　将上式同除以电量 Q，得

$$\frac{U}{Q} = \frac{U_1}{Q} + \frac{U_2}{Q}$$

因为

$$Q = Q_1 = Q_2$$

所以

$$\frac{1}{C} = \frac{1}{C_1} + \frac{1}{C_2} \tag{3-2-17}$$

注意：

电容器串联电路的电容特点与电阻并联电路的电阻特点类似，实际应用中要加以区别。

当有 n 个等值电容串联时，其等效电容为 $C = C_0/n$。

电容器串联后，耐压增大。因此，常用于提高电容器耐压的场合。

2. 电容器并联电路

将两个或两个以上电容器接在相同的两点之间的连接方式叫作电容器的并联。以两只电容器并联为例，如图 3 – 2 – 15 所示。

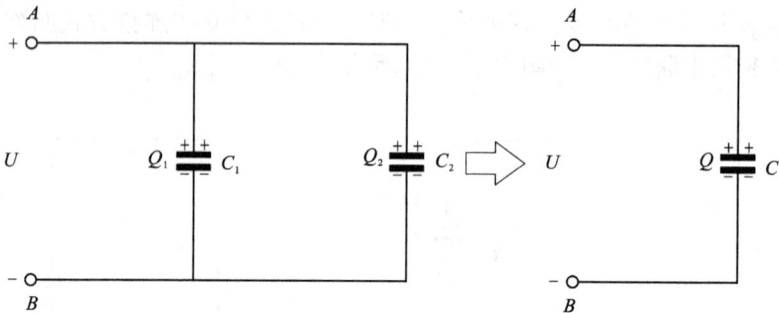

图 3 – 2 – 15　电容器并联电路

(1)电容器并联电路每个电容器两端的电压相同，并等于外加电源电压，即

$$U = U_1 = U_2$$

(2)由于并联电容器两端的电压相同，每只电容器所充有的电荷量为

$$Q_1 = C_1 U, \; Q_2 = C_2 U$$

所以，总电荷量为

$$Q = Q_1 + Q_2$$

(3)电容器并联后的等效电容量等于各个电容器的电容量之和。

$$C = \frac{Q}{U} = \frac{Q_1 + Q_2}{U} = \frac{C_1 U + C_2 U}{U} = C_1 + C_2$$

即

$$C = C_1 + C_2 \tag{3 – 2 – 18}$$

当 n 个等值电容并联时，其等效电容为 $C = nC_0$。

电容器并联后，电容量增大，因此，常用于增大电容器容量的场合。

电容器并联电路中，每只电容器均承受外加电压，因此每只电容器的耐压均应大于外加电压。如果一只电容器被击穿，整个并联电路被短路，会对电路造成危害。所以，等效电容的耐压值为并联电路中耐压最小的电容耐压值。

任务 3.3 基尔霍夫定律的验证

3.3.1 任务描述

基尔霍夫定律是德国物理学家基尔霍夫提出的,是电路中电压和电流所遵循的基本规律,是分析和计算较为复杂电路的基础。它既可以用于直流电路的分析,也可以用于交流电路的分析,还可以用于含有电子元件的非线性电路的分析。基尔霍夫定律包括节点电流定律(KCL)和回路电压定律(KVL),前者应用于电路中的节点而后者应用于电路中的回路。本任务介绍基尔霍夫定律和如何运用电流表、电压表或万用表验证基尔霍夫定律。

3.3.2 任务目标

(1)理解和掌握基尔霍夫定律。
(2)会采用支路电流法求解复杂直流电路支路电流。
(3)会运用电压表、电流表或万用表验证基尔霍夫定律。
(4)了解戴维宁定理。

3.3.3 基础知识一:基尔霍夫定律

3.3.3.1 支路、节点、回路和网孔

在电子电路中,常常会遇到两个以上的有源多支路构成的多回路电路,如图 3 - 3 - 1 所示。不能运用电阻串、并联的计算方法将它简化成一个单回路电路,这种电路称为复杂电路。以图 3 - 3 - 1 所示电路为例说明常用电路名词。

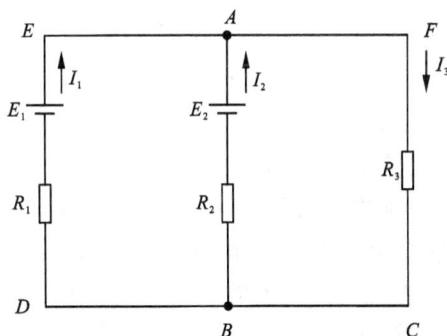

图 3 - 3 - 1　复杂电路

1. 支路

支路指电路中有一个或几个元件首尾相接构成的无分支电路,如图 3 - 3 - 1 所示电路中的 ED、AB、FC 均为支路,该电路的支路数为 $b = 3$。

2. 节点

节点是指电路中 3 条或 3 条以上支路的连接点。图 3 - 3 - 1 所示电路的节点为 A、B 两点,该电路的节点数目为 $n = 2$。

3. 回路

回路是指电路中任一闭合的路径。图 3 - 3 - 1 所示电路中的 CDEFC、AFCBA、EABDE 路径均为回路,该电路的回路数目为 $l = 3$。

4. 网孔

网孔是指不含有分支的闭合回路。图 3 - 3 - 1 所示电路中的 AFCBA、EABDE 回路均为网孔,该电路的网孔数目为 $m = 2$。

3.3.3.2　基尔霍夫第一定律(节点电流定律)

1. 节点电流定律(KCL)内容

节点电流定律的第一种表述:在任何时刻,电路中流入任一节点的电流之和,恒等于从该节点流出的电流之和,即

$$I_{流入} = I_{流出}$$

在图 3 - 3 - 2 中,在节点 A 上;$I_1 + I_3 = I_2 + I_4 + I_5$。

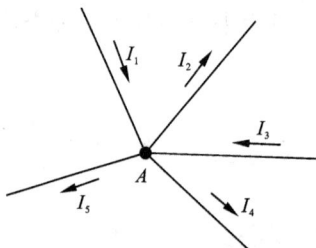

图 3 - 3 - 2　基尔霍夫第一定律

节点电流定律的第二种表述:在任何时刻,电路中任一节点的各支路电流代数和恒等于零,即

$$\sum I = 0 \qquad\qquad (3 - 3 - 1)$$

一般可在流入节点的电流前面取" + "号,在流出节点的电流前面取" - "号,反之亦可。例如在图 3 - 3 - 2 中,在节点 A 上:$I_1 - I_2 + I_3 - I_4 - I_5 = 0$。

使用节点电流定律时,必须注意以下几点。

(1)对于含有 n 个节点的电路,只能列出 $(n - 1)$ 个独立的电流方程。

(2)列节点电流方程时,只需考虑电流的参考方向,然后再代入电流的数值。

为方便分析电路,通常需要在所研究的一段电路中事先选定(即假定)电流流动的方向叫作电流的参考方向,通常用"→"表示。

电流的实际方向可根据数值的正、负来判断,当 $I > 0$ 时,表明电流的实际方向与所标定的参考方向一致;当 $I < 0$ 时,则表明电流的实际方向与所标定的参考方向相反。

2. 节点电流定律的应用举例

(1)对于电路中任意假设的封闭面来说,节点电流定律依然成立。如图 3 - 3 - 3 所示,

对于封闭面 S 来说，有 $I_1 + I_2 = I_3$。

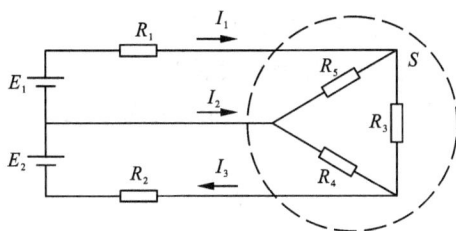

图 3 – 3 – 3　电流定律的应用举例 1

（2）对于网络（电路）之间的电流关系，仍然可由电流定律判定。如图 3 – 3 – 4 所示，流入电路 B 中的电流必等于从该电路中流出的电流。

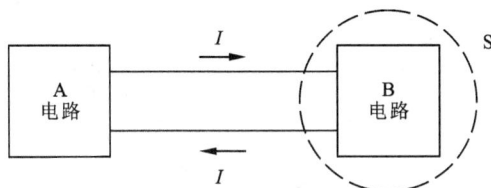

图 3 – 3 – 4　电流定律的应用举例 2

（3）若两个网络之间只有一根导线相连，那么这根导线中一定没有电流通过。因为一根导线不能构成回路，所以导线中没有电流通过。

（4）若一个网络只有一根导线与地相连，那么这根导线中一定没有电流通过。因为一根导线不能构成回路，所以导线中没有电流通过。

例 3.3.1　如图 3 – 3 – 5 所示电桥电路，已知 $I_1 = 36 \text{ mA}$、$I_3 = 16 \text{ mA}$、$I_4 = 6 \text{ mA}$，试求其余电阻中的电流 I_2、I_5、I_6。

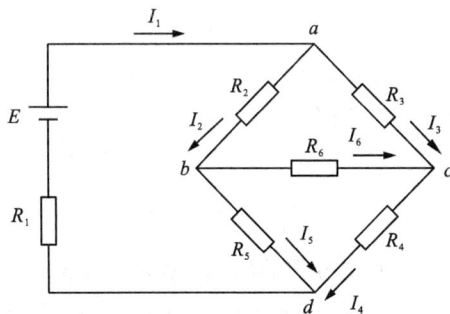

图 3 – 3 – 5　例 3.3.1 图

解：在节点 a 上：$I_1 = I_2 + I_3$，则 $I_2 = I_1 - I_3 = (36 - 16) \text{ mA} = 20 \text{ mA}$

在节点 d 上：$I_1 = I_4 + I_5$，则 $I_5 = I_1 - I_4 = (36 - 6) \text{ mA} = 30 \text{ mA}$

在节点 b 上：$I_2 = I_6 + I_5$，则 $I_6 = I_2 - I_5 = (20 - 30) \text{ mA} = -10 \text{ mA}$

电流 I_2 与 I_5 均为正数，表明它们的实际方向与图中所标定的参考方向相同，I_6 为负数，表明它的实际方向与图中所标定的参考方向相反。

3.3.3.3　基尔霍夫第二定律（回路电压定律）

回路电压定律（KVL）内容：在任何时刻，沿着电路的任何一回路绕行方向，回路中各段电压降的代数和恒等于零，即

$$\sum U = 0 \qquad\qquad (3-3-2)$$

以图 3-3-6 电路说明基尔霍夫电压定律。沿着回路 $abcdea$ 绕行方向，有

$$U_{ac} = U_{ab} + U_{bc} = R_1 I_1 + E_1$$
$$U_{ce} = U_{cd} + U_{de} = -R_2 I_2 - E_2$$
$$U_{ea} = R_3 I_3$$

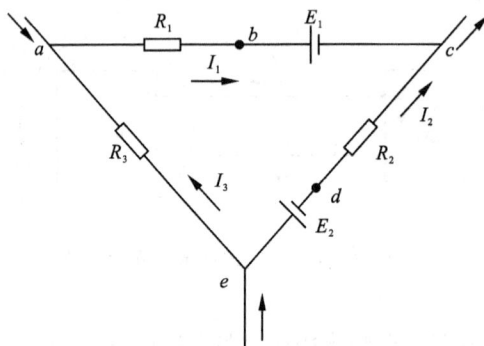

图 3-3-6　基尔霍夫第二定律

沿着整个闭合回路的电压应为

$$U_{ac} + U_{ce} + U_{ea} = 0$$

即

$$R_1 I_1 + E_1 - R_2 I_2 - E_2 + R_3 I_3 = 0$$

上式也可写成

$$R_1 I_1 - R_2 I_2 + R_3 I_3 = -E_1 + E_2$$

上式表明：在任一时刻，一个闭合回路中，各段电阻上的电压降代数和等于各电源电动势的代数和，即

$$\sum RI = \sum E \qquad\qquad (3-3-3)$$

利用 $\sum RI = \sum E$ 列回路电压方程的原则，如图 3-3-7 所示。

（1）标出各支路电流的参考方向并确定回路绕行方向（即可沿着顺时针方向绕行，也可沿着逆时针方向绕行）。

（2）电压的参考方向与回路的绕行方向相同时，该电压在式中取正号，否则取负号。

（3）电源电动势为 $\pm E$，当电源电动势的标定方向与四路绕行方向一致时，选取"+"，反之应选取"-"号。

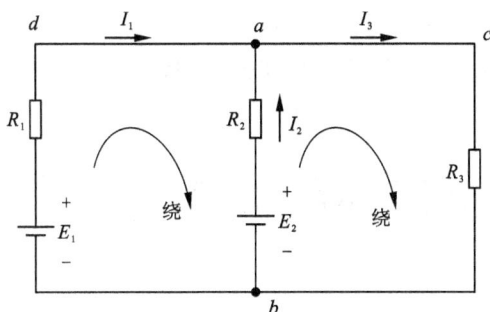

图 3 - 3 - 7 列回路电压方程的原则

3.3.4 基础知识二：支路电流法

如果知道各支路的电流，那么各支路的电压、电功率就可以很容易地求出来，从而掌握了电路的工作状态。以支路电流为未知量，应用基尔霍夫定律列出节点电流方程和回路电压方程，组成方程组解出各支路电流的方法叫支路电流法。它是应用基尔霍夫定律解题的基本方法。

应用支路电流法求各支路电流的步骤如下：

（1）任意标出各支路的电流的参考方向和网孔回路的绕行方向。

（2）根据基尔霍夫第一定律列独立的节点电流方程。值得注意的是，如果电路有 n 个节点，那么只有 $(n-1)$ 个独立的节点电流方程。

（3）根据基尔霍夫第二定律列独立的回路电压方程。为保证方程的独立，一般选择网孔列方程（每个网孔列出的回路方程都包含了一条新支路）。代入已知数，解联立方程组求出各支路电流。

例 3.3.2 如图 3 - 3 - 8 所示电路，已知：$E_1 = 42$ V，$E_2 = 21$ V，$R_1 = 12$ Ω，$R_2 = 3$ Ω，$R_3 = 6$ Ω，试求各支路电流 I_1、I_2、I_3。

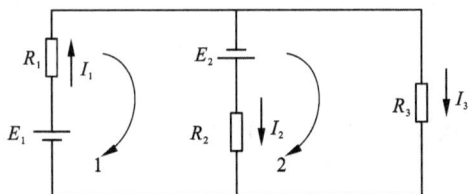

图 3 - 3 - 8 例 3.3.2 图

解：该电路支路数 $b = 3$、节点数 $n = 2$，所以应列出 1 个节点电流方程和 2 个回路电压方程，并按照 $\sum RI = \sum E$ 列回路电压方程：

（1）$I_1 = I_2 + I_3$ （任一节点）

（2）$R_1 I_1 + R_2 I_2 = E_1 + E_2$ （网孔 1）

（3）$R_3 I_3 - R_2 I_2 = -E_2$　　（网孔 2）

代入已知数据，解得：$I_1 = 4$ A，$I_2 = 5$ A，$I_3 = -1$ A。

电流 I_1 与 I_2 均为正数，表明它们的实际方向与图中所标定的参考方向相同，I_3 为负数，表明它的实际方向与图中所标定的参考方向相反。

3.3.5　技能实训：验证基尔霍夫定律

3.3.5.1　实训目的
（1）验证基尔霍夫定律。
（2）通过实验加深对参考方向的理解。

3.3.5.2　实训器材
直流稳压电源 2 台；电压表 2 只；电流表 3 只；实验电路板 1 块；电阻器 5 只。

3.3.5.3　实训内容与步骤
（1）根据电路图 3 - 3 - 9 所示进行连线。

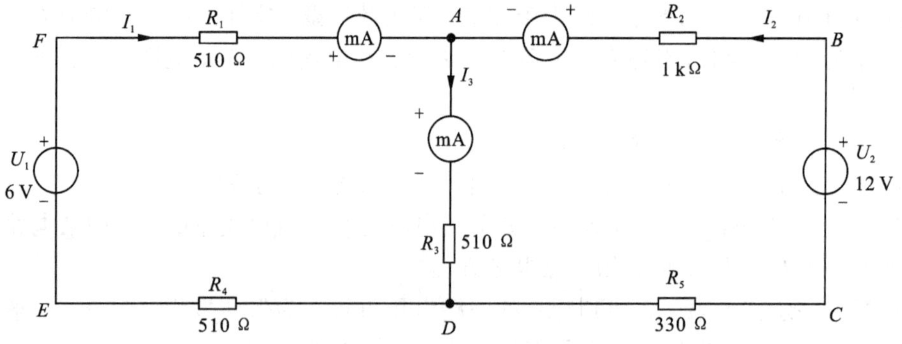

图 3 - 3 - 9　实训电路接线图

（2）根据基尔霍夫定律，计算出电路的电压、电流，并记录在数据记录表（表 3 - 3 - 1）中。

（3）读出各电流表的电流，并记录在数据记录表（表 3 - 3 - 1）中。

（4）用万用表测量电路中各个电阻两端的电压和电源电压，并记录在数据记录表（表 3 - 3 - 1）中。

（5）计算相对误差，并记录在表 3 - 3 - 1 中。

表 3 - 3 - 1　实训数据记录表

测量参数	I_1(mA)	I_2(mA)	I_3(mA)	U_1(V)	U_2(V)	U_{FA}(V)	U_{AB}(V)	U_{AD}(V)	U_{CD}(V)	U_{DE}(V)
计算值										
测量值										
相对误差										

3.3.5.4　实训小结

（1）简述电路中，对任一节点，各支路电流的关系。

（2）简述电路中，对任一回路，所有支路电压的关系。

（3）测量电压和电流应注意哪些事项？

3.3.5.5　实训考核评价

验证基尔霍夫定律评价如表 3 – 3 – 2 所示。

表 3 – 3 – 2　验证基尔霍夫定律评价表

评价内容		配分	考核点	备注
职业素养与操作过程规范（30 分）		5	正确着装，做好工作前准备	出现明显失误造成贵重元件或仪表、设备损坏等安全事故；严重违反实训纪律，造成恶劣影响的记 0 分
		5	采用正确的方法选择器材、器件	
		10	合理选择工具，不浪费材料	
		5	能按正确流程进行任务实施，并及时记录数据	
		5	任务完成后，整齐摆放工具及凳子、整理工作台面等并符合"6S"要求	
作品质量（70 分）	测量	30	①正确使用万用表；②测量时，正确拿捏电阻器；③测量完毕，台面清理干净	
	功能	10	进行各项参数的测量	
	数据分析	30	对各项参数进行测量、及时记录，并能对数据进行分析	

3.3.6　拓展提高：戴维宁定律

任何具有两个引出端的电路（也叫网路或网络）都叫作二端网络。若网络中有电源叫作有源二端网络，合则叫作无源二端网络，如图 3 – 3 – 10 所示。

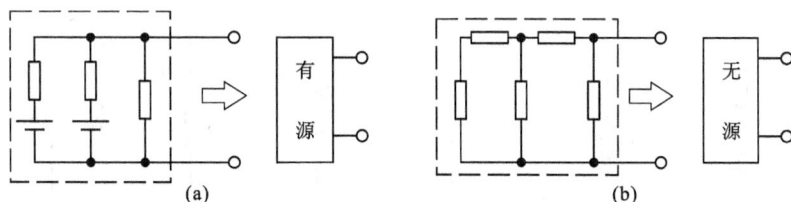

图 3 – 3 – 10　二端网络

一个无源二端网络可以用一个等效电阻 R 来代替；一个有源二端网络可以用一个等效电压源 E_0 和 R_0 来代替。任何一个有源复杂电路，把所研究支路以外部分看成一个有源二端网络,将其用一个等效电压源 E_0 和 R_0 代替,就能化简电路,避免了繁琐的电路计算。

戴维宁定理:任何线性有源二端网络,对外电路而言,可以用一个等效电源代替,等效电源的电动势 E_0 等于有源二端网络两端点间的开路电压 U,如图 3 - 3 - 11(a)所示;等效电源的内阻 R_0 等于该二端有源网络中各个电源置零后,即将电动势用短路代替,所得的无源二端网络两端点间的等效电阻,如图 3 - 3 - 11(b)所示。

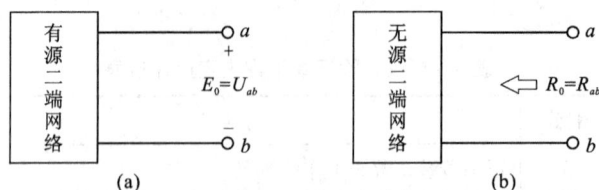

图 3 - 3 - 11   戴维宁定律

例 **3.3.3**   在图 3 - 3 - 12 所示电路中,已知 $E_1 = 5$ V, $R_1 = 8$ Ω, $E_2 = 25$ V, $R_2 = 12$ Ω, $R_3 = 2.2$ Ω。试用戴维宁定理求通过 R_3 的电流及 R_3 两端的电压。

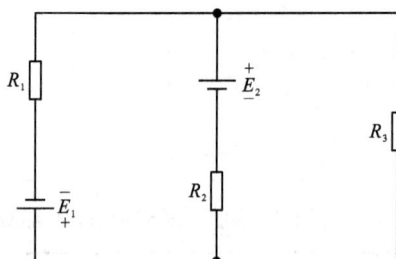

图 3 - 3 - 12   例 3.3.3 图

解:

(1)断开待求支路,分出有源二端网络,如图 3 - 3 - 13(a)所示。计算开路端电压 U_{ab} 即为所求等效电源的电动势 E_0(电流、电压参考方向如图 3 - 3 - 13 所示)。

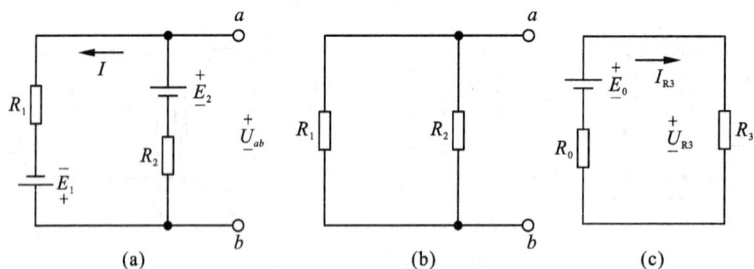

图 3 - 3 - 13   应用戴维宁定理

$$I = \frac{E_1 + E_2}{R_1 + R_2} = \frac{5 + 25}{8 + 12} = 1.5 \ (A)$$

$$E_0 = U_{ab} = E_2 - IR_2 = 25 - 1.5 \times 12 = 7 \ (V)$$

(2)将有源二端网络中各电源置零后,即将电动势用短路代替,成为无源二端网络,如图 3 - 3 - 12(b)所示。计算出等效电阻 R_{ab} 即为所求电源的内阻 R_0

$$R_0 = R_{ab} = \frac{R_1 R_2}{R_1 + R_2} = \frac{8 \times 12}{8 + 12} = 4.8 \ (\Omega)$$

(3)将所求得的等效电源 E_0、R_0 与待求支路的电阻 R_3 连接,形成等效简化电路如图 3 - 3 - 12(c)所示。计算支路电流 I_{R3} 和电压 U_{R3}。

$$I_{R3} = \frac{E_0}{R_0 + R_3} = \frac{7}{4.8 + 2.2} = 1 \ (A)$$

$$U_{R3} = I_{R3} R_3 = 1 \times 2.2 = 2.2 \ (V)$$

通过以上分析,可以总结出应用戴维宁定理求某一支路的电流或电压的方法和步骤。

(1)断开待求支路,将电路分为待求支路和有源二端网络两部分。

(2)求出有源二端网络两端点间的开路电压 U_{ab},即为等效的电动势 E_0。

(3)将有源二端网络中各电源置零后,将电动势用短路代替,计算无源二端网络的等效电阻,即为等效电源的内阻 R_0。

(4)将等效电源 E_0、R_0 与待求支路连接,形成等效简化电路,根据已知条件求解。

在应用戴维宁定理解题时,应当注意的是:

(1)等效电源电动势 E_0 的方向与有源二端网络开路时的端电压极性一致;

(2)等效电源只对外电路等效,对内电路不等效。

任务 3.4   同步练习

3.4.1   填空题

1. 电路中有正常的工作电流,则电路的状态为 _____ 。

2. 按照习惯规定,导体中 _____ 运动的方向为电流的方向。

3. 电流的标准单位是 _____ 。

4. 直流电路中,电流的 _____ 和 _____ 恒定,不随时间变化。

5. 有一个或几个元件首尾相接构成的无分支电路称为 _____;三条或三条以上支路会聚的点称为 _____;任一闭合路径称为 _____。

6. 规定外电路中,电流从 _____ 流向 _____ 。

7. 用伏安法测电阻,如果待测电阻比电流表的内阻 _____ 时,应采用 _____ ____,这样测出的电阻值要比实际值 _____ 。

8. 电动势为 2 V 的电源,与 9 Ω 的电阻接成闭合电路,电源两极间的电压为 1.8 V,这时电路的电流为 _____ A,电源内阻为 _____ Ω。

9. 有一个电流表,内阻为 100 Ω,满偏电流为 3 mA,要把它改装成量程为 6 V 的电压表,需要 _____ Ω 的分压电阻;若要把它改装成量程为 3 A 的电流表,则需 _____ _____ Ω 的分流电阻。

3.4.2 选择题

1. 在闭合电路中，负载电阻增大，则端电压将(　　)。

　A. 减小　　　　　B. 增大　　　　　C. 不变　　　　　D. 不能确定

2. 将 $R_1 > R_2 > R_3$ 的三个电阻串联，然后接在电压为 U 的电源上，获得最大功率的电阻是(　　)。

　A. R_1　　　　　B. R_2　　　　　C. R_3　　　　　D. 不能确定

3. 若将上题三个电阻并联后接在电压为 U 的电源上，获得最大功率的电阻是(　　)。

　A. R_1　　　　　B. R_2　　　　　C. R_3　　　　　D. 不能确定

4. 一个额定值为 220V、40W 的白炽灯与一个额定值为 220V、60W 的白炽灯串联接在 220V 电源上，则(　　)。

　A. 40W 灯较亮　　B. 60W 灯较亮　　C. 两灯亮度相同　D. 不能确定

5. 两个电阻 R_1、R_2 并联，等效电阻值为(　　)。

　A. $\dfrac{1}{R_1} + \dfrac{1}{R_2}$　　B. $R_1 - R_2$　　C. $\dfrac{R_1 R_2}{R_1 + R_2}$　　D. $\dfrac{R_1 + R_2}{R_1 R_2}$

6. 两个阻值均为 5 Ω 的电阻作串联时的等效电阻与作并联时的等效电阻之比为(　　)。

　A. 2∶1　　　　　B. 1∶2　　　　　C. 4∶1　　　　　D. 1∶4

7. 电路如图 3-4-1 所示，A 点电位为(　　)。

　A. 6 V　　　　　B. 8 V　　　　　C. -2 V　　　　　D. 10 V

8. 某电路有 3 个节点和 7 条支路，采用支路电流法求解各支路电流时，应列出电流方程和电压方程的个数分别为(　　)。

　A. 3、4　　　　　B. 3、7　　　　　C. 2、5　　　　　D. 2、6

9. 电路如图 3-4-2 所示，二端网络等效电路的参数为(　　)。

　A. 8 V、7.33 Ω　　B. 12 V、10 Ω　　C. 10 V、2 Ω　　D. 6 V、7 Ω

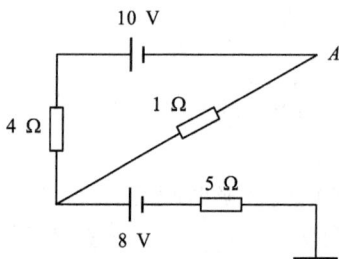

图 3-4-1

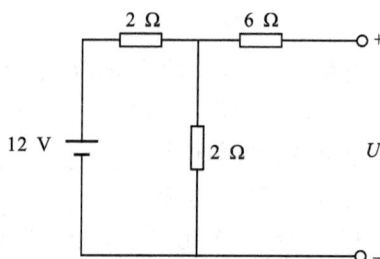

图 3-4-2

3.4.3 综合题

1. 电源的电动势为 1.5 V，内电阻为 0.12 Ω，外电路的电阻为 1.38 Ω，求电路中的电流和端电压。

2. 如图 3-4-3 所示电路中，加接一个电流表，就可以测出电源的电动势和内阻。当变阻器的滑动片在某一位置时，电流表和电压表的读数分别是 0.2 A 和 1.98 V；改变滑动片的位置后两表的读数分别是 0.4 A 和 1.96 V，求电源电动势和内电阻。

3. 如图 3-4-4 所示电路中，1 kΩ 电位器两端各串一只 100 Ω 电阻，求当改变电位器滑动触点时，U_2 的变化范围。

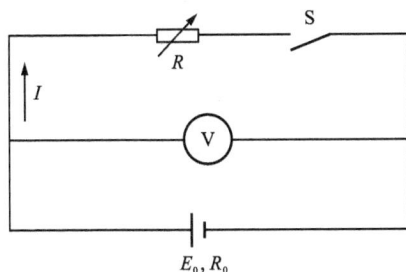

图 3-4-3

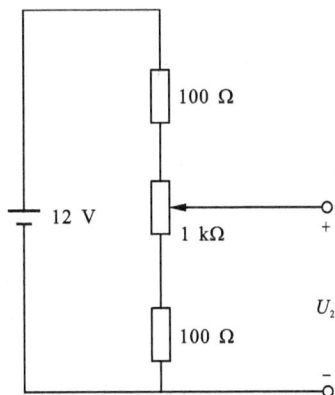

图 3-4-4

4. 有一电流表，内阻为 0.03 Ω，量程为 3 A。测量电阻 R 中的电流时，本应与 R 串联，错把电流表与 R 并联了，如图 3-4-5 所示，将产生什么后果？假设 R 两端的电压为 3 V。

5. 如图 3-4-6 所示电路中，电源的电动势为 8 V，内电阻为 1 Ω，外电路有 3 个电阻，R_1 为 5.8 Ω，R_2 为 2 Ω，R_3 为 3 Ω。求：(1)通过各电阻的电流；(2)外电路中各电阻上的电压降和电源内部的电压降；(3)外电路中各个电阻消耗的功率、电源内部消耗的功率和电源的总功率。

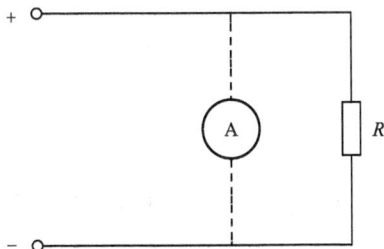

图 3-4-5

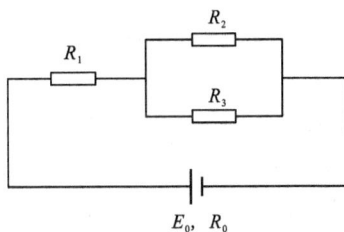

图 3-4-6

6. 如图 3-4-7 所示电路中，求出 A、B 两点间的等效电阻。

7. 如图 3-4-8 所示电路中，有两个量程的电压表，当使用 A、B 两端点时，量程为 10 V，当使用 A、C 两端点时，量程为 100 V；已知表的内阻 R_g 为 500 Ω，满偏电流 I_g 为 1 mA，求分压电阻 R_1 和 R_2 的值。

8. 如图 3-4-9 所示电路中，$E_1 = 20$ V，$E_2 = 10$ V，内阻不计，$R_1 = 20$ Ω，$R_2 = 40$ Ω，求：(1)A、B 两点的电位；(2)在 R_1 不变的条件下，要使 $U_{AB} = 0$，R_2 应多大？

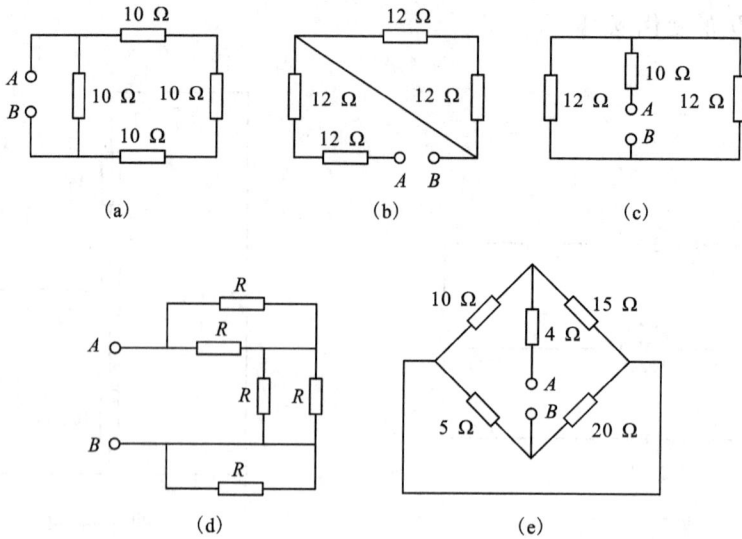

图 3 − 4 − 7

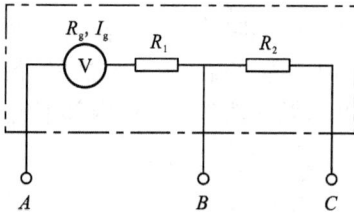

图 3 − 4 − 8

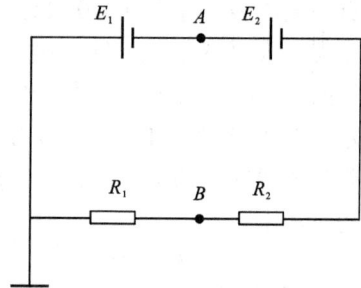

图 3 − 4 − 9

9. 如图 3 − 4 − 10 所示电路中，$E_1 = 12$ V，$E_2 = E_3 = 6$ V，内阻不计，$R_1 = R_2 = R_3 = 3$ Ω；求 U_{AB}、U_{AC}、U_{BC}。

10. 电路如图 3 − 4 − 11 所示，已知电源电动势 $E_1 = 6$ V，$E_2 = 1$ V，电源内阻不计，电阻 $R_1 = 1$ Ω，$R_2 = 2$ Ω，$R_3 = 3$ Ω。试用支路电流法求各支路上的电流。

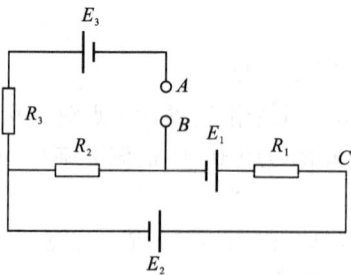

图 3 − 4 − 10

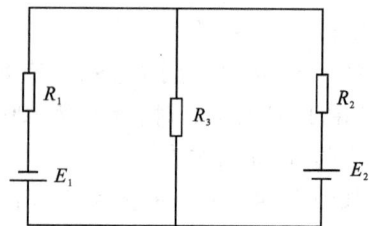

图 3 − 4 − 11

11. 电路如图 3 – 4 – 12 所示, 已知电源电动势 $E_1 = 10$ V, $E_2 = 4$ V, 电源内阻不计, 电阻 $R_1 = R_2 = R_6 = 2$ Ω, $R_3 = 1$ Ω, $R_4 = 10$ Ω, $R_5 = 8$ Ω。试用戴维宁定理求通过电阻 R_3 的电流。

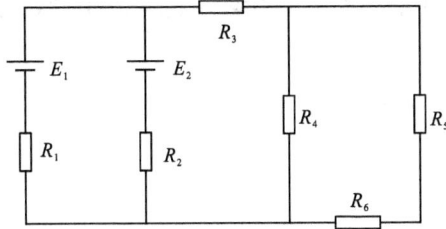

图 3 – 4 – 12

项目4 单相交流电路

项目描述

在人们日常生活中，单相交流电路有着广泛应用，掌握正弦交流电的基本理论知识和基本分析方法，是学好交流电动机、变压器和电力电子技术的重要基础，也是进行家庭配电和电路安装的基础。本项目通过四个任务的实施，让读者获得如下知识和技能：掌握变压器基本结构和工作原理；掌握交流电的基本概念；掌握交流电路的电压、电流和功率关系；掌握照明电路及配电箱元器件结构和工作原理；会进行变压器质量检测；会进行照明电路及配电箱电路的设计、安装和检修。

项目任务

任务4.1 变压器的识别与检测

4.1.1 任务描述

变压器是利用电磁感应的原理来改变交流电压的装置，主要由初级线圈、次级线圈和铁芯（磁芯）组成。变压器能实现电压、电流和阻抗的变换。常见的变压器有电力变压器、电源变压器、电抗器、互感器等。本任务介绍变压器的基本结构、工作原理和如何运用万用表和兆欧表对变压器进行质量检测。

4.1.2 任务目标

（1）理解电磁感应现象，掌握电磁感应定律。
（2）熟悉变压器的结构，理解变压器的工作原理。
（3）理解变压器的电压、电流、阻抗的变换原理。
（4）能识别常见的变压器，会识读变压器的铭牌。
（5）能用万用表和兆欧表对变压器进行质量检测。

4.1.3　基础知识一：电磁感应

4.1.3.1　电磁感应现象

自从丹麦物理学家奥斯特发现了电流的磁效应以后，许多科学家开始寻找它的逆效应。1831 年，英国科学家法拉第发现了磁能转换为电能的重要事实及其规律——电磁感应定律。

为了理解电磁感应及其定律，我们来观察以下实验现象。

如图 4 - 1 - 1 所示，如果让导体 ab 在磁场中向左或向右运动时，电流表指针偏转，表明电路中有了电流。导体 ab 静止或做上下运动时，电流表指针不偏转，表明电路中没有电流。我们可以借助磁力线的概念来说明上述现象。导线 ab 向左或向右运动时要切割磁力线，导线 ab 静止或上下运动时不切割磁力线。可见，闭合电路中的一部分导体做切割磁力线运动时，电路中有感应电流产生。

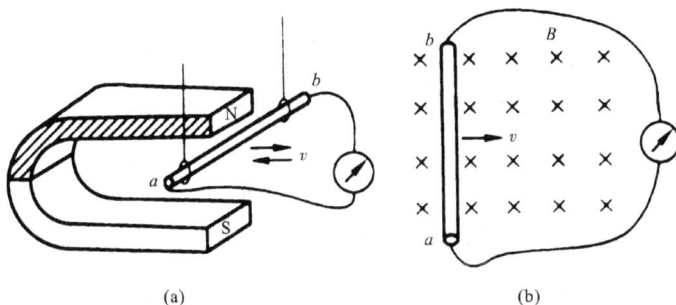

(a)　　　　　　　　　　　(b)

图 4 - 1 - 1　导体切割磁力线

在上述实验中，导体 ab 是做切割磁力线的运动。如果导体不动，让磁场运动，会不会在电路中同样产生感应电流呢？我们看下面的实验。

如图 4 - 1 - 2 所示，把磁铁插入线圈，如图 4 - 1 - 2(a)所示，或把磁铁从线圈中抽

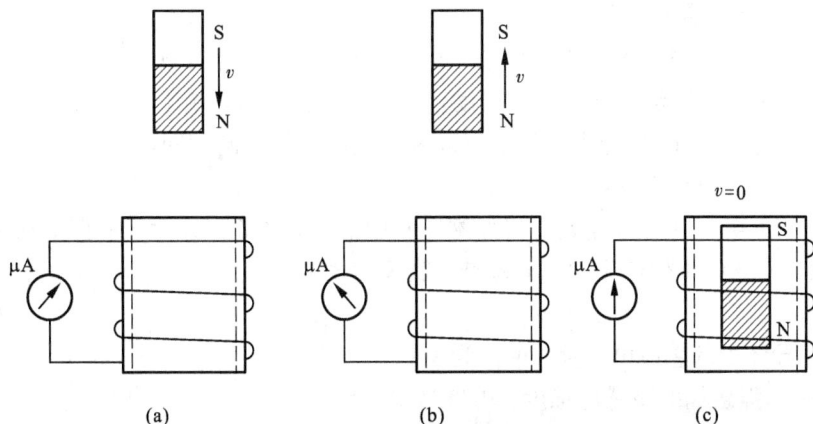

(a)　　　　　　　　(b)　　　　　　　　(c)

图 4 - 1 - 2　线圈中磁通变化

出，如图 4 - 1 - 2(b)所示，电流表指针同样发生偏转，这表明闭合电路中产生了感应电流。如果磁铁插入线圈后静止不动，如图 4 - 1 - 2(c)所示，或将磁铁和线圈以同一速度运动，电流表指针亦不偏转，表明闭合电路中没有感应电流。可见，不论是导体运动还是磁场运动，只要闭合电路的一部分导体切割磁力线，电路中就有感应电流产生。

闭合电路的一部分导体切割磁力线时，穿过闭合电路的磁力线条数发生变化，即穿过闭合线圈的磁通发生变化。由此启示我们：如果导体和磁场不发生相对运动，而让穿过闭合电路的磁场强弱发生变化，会不会在电路中产生电流呢？为了研究这个问题，我们看下面的实验。

如图 4 - 1 - 3 所示，把线圈 A 放在线圈 B 的上面，当线圈 A 通电、断电的瞬间，线圈 B 中产生感应电流，当线圈 A 中的电流稳定不变，线圈 B 中的电流消失。如果用变阻器 R_P 来控制线圈 A 中的电流，使线圈 A 中的电流发生变化，线圈 B 中也有感应电流产生。这个实验表明：在导体和磁场不发生相对运动的情况下，只要穿过闭合电路(B 线圈)的磁通发生变化，闭合电路中也产生感应电流。

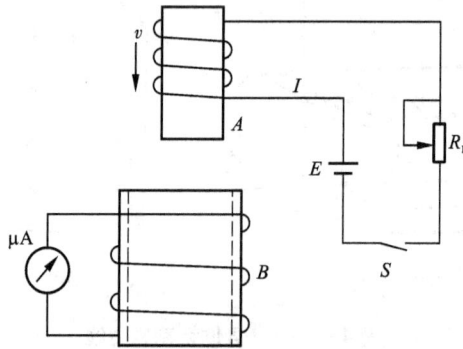

图 4 - 1 - 3　穿过闭合电路的磁通发生变化

总之，不论用什么方法，只要穿过闭合回路的磁通发生变化，闭合回路中就有感应电流产生。这种穿过磁场的变化产生感应电流的现象称为电磁感应，产生的电流称为感应电流。

4.1.3.2　电磁感应定律

在电磁感应实验中，闭合回路中均产生感应电流，则必然有电动势。由电磁感应产生的电动势称为感应电动势。产生感应电动势的那段导体，如切割磁力线的导线和磁通变化的线圈，就相当于电源，感应电动势的方向和感应电流的方向相同。

1. 切割磁力线产生感应电动势

如图 4 - 1 - 4(a)所示，当处在匀强磁场 B 中的直导线 L 以速度 v 垂直于磁场方向运动切割磁力线时，导线中便产生感应电动势，其表达式为

$$e = BLv \qquad (4 - 1 - 1)$$

式中：e——导体中的感应电动势，单位为 V；

　　　B——匀强磁场的磁感应强度，单位为 T；

　　　L——磁场中导体的有效长度，单位为 m；

　　　v——导体的运行速度，单位为 m/s。

感应电流的方向可由右手定则来判断。即伸出右手，让拇指和其余四指在同一平面内并且拇指和其余四指垂直，让磁力线从手心中穿过，拇指指向导体的运动方向，四指所指的方向就是感应电流的方向，如图 4 - 1 - 4(b) 所示。如果导体没有构成闭合回路，感应电动势是存在的，那么这时四指就指向感应电动势的正极。

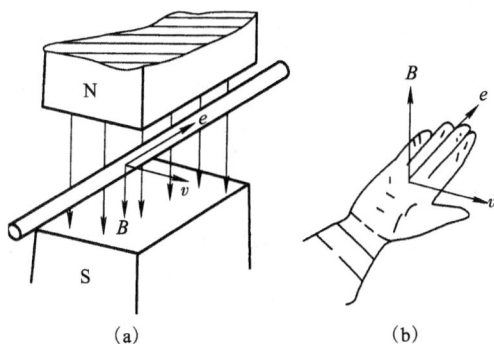

图 4 - 1 - 4　导体中的感应电动势

例 4.1.1　已知一匀强磁场，其磁感应强度 $B = 1$ T，在磁场中有一长度 $L = 0.1$ m 的直导线，以 $v = 10$ m/s 的速度做垂直切割磁力线的运动，求导线中的感应电动势。

解：$e = BLv = 1 \times 0.1 \times 10 = 1(\text{V})$

2. 磁通量变化产生感应电动势

如图 4 - 1 - 5(a) 所示，将永久磁体插向线圈中，在插入的过程中穿入线圈的磁通 Φ 发生变化，在线圈中产生感应电动势，电流计指针偏转；在图 4 - 1 - 5(b) 中，改变线圈 A 中的电流大小，同样可使穿过线圈 B 的磁通 Φ 发生变化，在线圈 B 中产生感应电动势，使电流计指针发生偏转。由实验可知，线圈中感应电动势的大小与穿过线圈的磁通的变化率成正比，即穿过线圈的磁通变化越快，产生的感应电动势越大；穿过线圈的磁通变化越慢，产生的感应电动势越小；磁通不变化时，感应电动势为零。这一变化规律称为法拉第电磁感应定律。

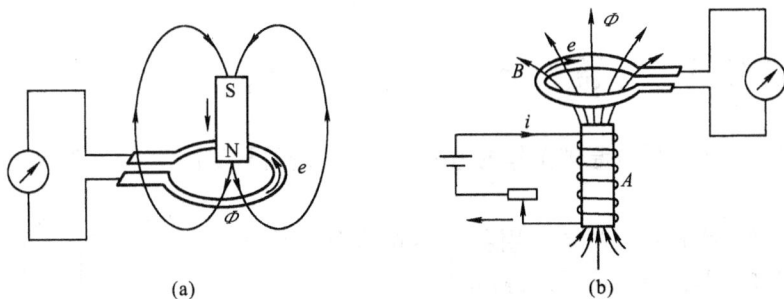

图 4 - 1 - 5　变化的磁通产生感应电动势

我们知道了感应电动势的大小和磁通的变化率成正比，感应电动势的方向怎样确定呢？俄国物理学家楞次在大量实验的基础上，总结出了确定感应电流方向的楞次定律：如果回路中的感应电动势是由于穿过回路的磁通量变化产生的,则感应电动势在闭合回路中将产生一电流,由这一电流产生的磁通总是阻碍原磁通的变化。根据楞次定律,在图 4-1 -6(a)中,当磁体向下移动,穿过线圈的磁通增加,则线圈中感应电流产生的磁通应阻止原磁通的增加,其方向向上(图中虚线)。在图 4-1-6(b)中,当磁体向上移动,穿过线圈的磁通减少,则线圈中感应电流产生的磁通阻止原磁通的减少,则线圈中感应电流产生的磁通阻止原磁通的减小,其方向向下。如果选择磁通 Φ 与感应电动势 e 的参考方向仍符合右手螺旋关系,如图 4-1-6(c)所示,则根据楞次定律,感应电动势为

$$E = \frac{\Delta \Phi}{\Delta t} \tag{4-1-2}$$

式中:$\Delta \Phi$ 的单位为 Wb,Δt 的单位为 s,E 的单位为 V。

如果同一变化的磁通量穿过 N 匝线圈,则线圈中产生的感应电动势为

$$E = N \frac{\Delta \Phi}{\Delta t} = \frac{\Delta \Psi}{\Delta t} \tag{4-1-3}$$

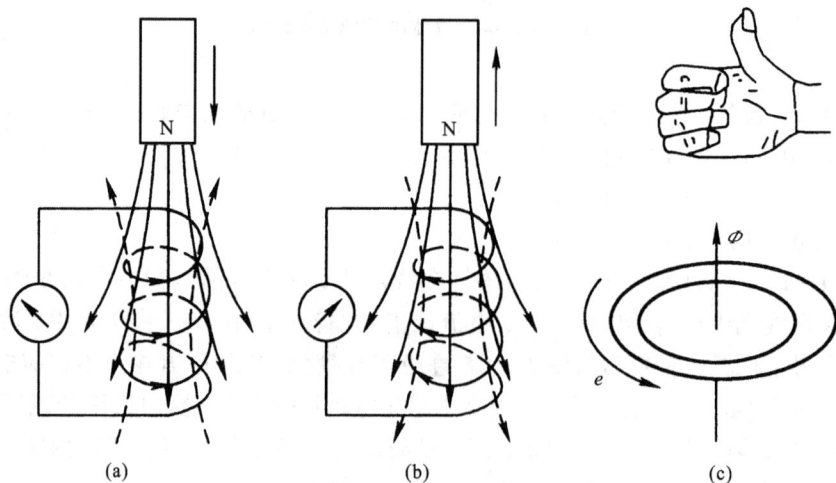

图 4-1-6　感应电动势的方向

4.1.4　基础知识二:变压器

变压器是利用电磁感应原理工作的电磁装置,它的符号如图 4-1-7 所示,T 是它的文字符号。

在日常生活和生产中,常常需用各种不同的交流电压,它们都是通过变压器进行变换后而得到的。

变压器是一种应用非常广泛的电器设备,种类也非常多,如电力变压器、整流变压器、调压变压器、控制变压器、电焊变压器、测量变压器(电流互感器、电压互感器)等。变压器根据其相数可分为单相变压器、三相变压器和多相变压器。下面以单相变压器为例进行介绍。

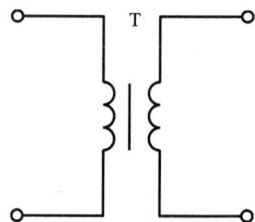

图 4-1-7　变压器的符号

4.1.4.1　变压器的基本构造

变压器主要由铁芯和线圈(也叫绕组)两部分组成。

铁芯构成了变压器的磁路通道。为了减小涡流和磁滞损耗,铁芯用磁导率较高而且相互绝缘的硅钢片叠装而成。每一钢片的厚度,在频率为 50 Hz 的变压器中为 0.35 ~ 0.5 mm。

按照铁芯构造形式,可分为心式和壳式两种。心式铁芯成"口"字形,线圈包着铁芯,如图 4-1-8(a)所示;壳式铁芯成"日"字形,铁芯包着线圈,如图 4-1-8(b)所示。

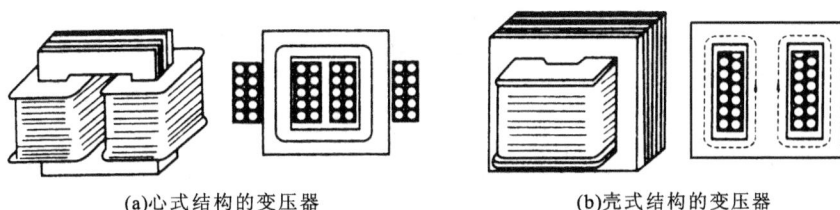

(a)心式结构的变压器　　　　　　　　(b)壳式结构的变压器

图 4-1-8　变压器的结构

线圈是变压器的电路部分。线圈用具有良好绝缘的漆包线、纱包线或丝包线绕成。在工作时,与电源相连的线圈叫作原线圈(初级绕组);而与负载相连的线圈叫作副线圈(次级绕组)。绝缘是变压器制造中的主要问题,线圈的区间和层间都要绝缘良好,线圈和铁芯、不同线圈之间更要绝缘良好。为了提高变压器的绝缘性能,在制造时还要进行浸漆、烘烤、灌蜡、密封等去潮处理。

4.1.4.2　变压器的工作原理

变压器是按电磁感应原理工作的。如果把变压器的原线圈接在交流电源上,在原线圈中就有交流电流流过,交变电流将在铁芯中产生交变磁通,这个变化的磁通经过闭合磁路同时穿过原线圈和副线圈。交变的磁通将在线圈中产生感应电动势,因此,在变压器原线圈中产生自感电动势的同时,在副线圈中也产生了互感电动势。这时,如果在副线圈上接上负载,那么电能将通过负载转换成其他形式的能,如图 4-1-9 所示。

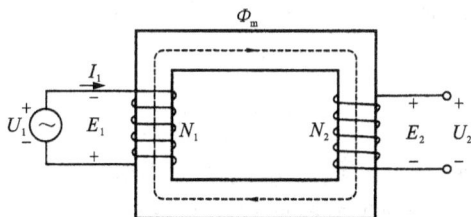

图 4-1-9　变压器的工作原理

1. 变换交流电压

当变压器的原线圈接上交流电压后,在原、副线圈中会有交变的磁通,若漏磁通略去不计,可以认为穿过原、副线圈的交变磁通相同,因而这两个线圈的每匝线圈所产生的感应电动势相等。设原线圈的匝数是 N_1，副线圈的匝数是 N_2，穿过它们的磁通是 Φ，那么原、副线圈中产生的感应电动势分别是

$$E_1 = N_1 \frac{\Delta \Phi}{\Delta t}, \quad E_2 = N_2 \frac{\Delta \Phi}{\Delta t}$$

由此可得

$$\frac{E_1}{E_2} = \frac{N_1}{N_2}$$

如果忽略漏磁通和绕组上的压降，则原、副绕组的电动势近似等于原、副边电压，即

$$U_1 \approx E_1$$
$$U_2 \approx E_2$$

因此得到

$$\frac{U_1}{U_2} = \frac{N_1}{N_2} = K \qquad\qquad (4-1-4)$$

式中：K 称为变压比。

可见，变压器原、副线圈的端电压之比等于这两个线圈的匝数比。若 $K < 1$，即 $N_2 > N_1$，U_2 就大于 U_1，变压器使电压升高，这种变压器叫作升压变压器。如果 $K > 1$，即 $N_1 > N_2$，U_1、就大于 U_2，变压器使电压降低，这种变压器叫作降压变压器。

例 4.1.2　有一电子仪器的电源变压器原绕组接在 $U_1 = 220$ V 的交流电源上，要求副边输出电压 $U_2 = 22$ V，原绕组为 1800 匝，试问副绕组需绕多少匝？

解： 依题意可知 $U_1 = 220$ V，$U_2 = 22$ V，$N_1 = 1800$ 匝，由 $\frac{U_1}{U_2} = \frac{N_1}{N_2}$ 可得

$$N_2 = \frac{U_2}{U_1} N_1 = \frac{22}{220} \times 1800 = 180 \text{（匝）}$$

2. 变换交流电流

由上面的分析知道，变压器能从电网中获取能量，并通过电磁感应进行能量转换后，再把电能输送给负载。根据能量守恒定律，在不计变压器内部损耗的情况下，变压器输出的功率和它从电网中获取的功率相等。根据交流电功率的公式 $P = UI\cos\varphi$ 可得，$U_1 I_1 \cos\varphi_1 = U_2 I_2 \cos\varphi_2$。式中，$\cos\varphi_1$ 是原线圈电路的功率因数，$\cos\varphi_2$ 是副线圈电路的功率因数，φ_1 和 φ_2 通常相差很小，在实际计算中可以认为它们相等，因而得到

$$U_1 I_1 = U_2 I_2$$
$$\frac{I_1}{I_2} = \frac{N_2}{N_1} = \frac{1}{K} \qquad\qquad (4-1-5)$$

可见，变压器工作时原、副线圈中的电流跟线圈的匝数成反比。变压器的高压线圈匝数多而通过的电流小，可用较细的导线绕制；低压线圈匝数少而通过的电流大，应当用较粗的导线绕制。

例 4.1.3　有一小型变压器，原绕组电压为 220 V，副绕组电压为 110 V，原绕组为 2200 匝，当负载阻抗为 10 Ω 时，试问变压器的变比、副绕组的匝数、原绕组电流及副绕组电流各为多少？

解： 变压器变比 $K = \frac{U_1}{U_2} = \frac{220}{110} = 2$

副绕组的匝数为 $N_2 = \dfrac{U_2 N_1}{U_1} = \dfrac{110 \times 2200}{220} = 1100$（匝）

副绕组的电流为 $I_2 = \dfrac{U_2}{Z_2} = \dfrac{110}{10} = 11$（A）

原绕组的电流为 $I_1 = \dfrac{N_2}{N_1} I_2 = \dfrac{1100}{2200} \times 11 = 5.5$（A）

3. 变换交流阻抗

在电子线路中，常用变压器来变换交流阻抗。无论是收音机还是其他电子装置，总希望负载获得最大功率，而负载获得最大功率的条件是负载电阻等于信号源的内阻，此时称为阻抗匹配。但在实际工作中，负载的电阻与信号源的内阻往往是不相等的，所以，把负载直接接到信号源上不能获得最大功率。为此，就需要利用变压器来进行阻抗匹配，使负载获得最大功率。

设变压器初级输入阻抗（即初级两端所呈现的等效阻抗）为 Z_1，次级负载阻抗为 Z_2，则

$$Z_1 = \frac{U_1}{I_1}$$

将 $U_1 = \dfrac{N_1}{N_2} U_2$，$I_1 = \dfrac{N_2}{N_1} I_2$ 代入上式整理后得

$$Z_1 = \left(\frac{N_1}{N_2}\right)^2 \frac{U_2}{I_2}$$

因为

$$\frac{U_2}{I_2} = Z_2$$

所以

$$Z_1 = \left(\frac{N_1}{N_2}\right)^2 Z_2 = K^2 Z_2 \qquad\qquad (4-1-6)$$

例 4.1.4 在收音机的输出电路中，其最佳负载为 200 Ω，而扬声器的电阻为 $R_2 = 8\ \Omega$，如图 4-1-10 所示，要使扬声器获得最大功率，求变压器的变比。

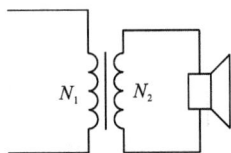

图 4-1-10 变压器的阻抗匹配

解：$Z_1 = 200\ \Omega$，$Z_2 = 8\ \Omega$，由公式 $Z_1 = K^2 Z_2$ 求得 $K = 5$。

当变压器的变比为 5 时，即可得到最佳匹配效果。

4.1.4.3 变压器功率和效率

1. 变压器功率

变压器初级的输入功率为

$$P_1 = U_1 I_1 \cos\varphi_1$$

式中：U_1 为初级端电压，I_1 为初级电流，φ_1 为初级电压和电流的相位差。

变压器次级的输出功率为

$$P_2 = U_2 I_2 \cos\varphi_2$$

式中：U_2 为次级端电压，I_2 为次级电流，φ_2 为次级电压与电流的相位差。

输入功率和输出功率的差就是变压器所损耗的功率，即

$$\Delta P = P_1 - P_2$$

变压器的功率损耗包括铁损 P_{Fe}（磁滞损耗和涡流损耗）和铜损 P_{Cu}（线圈导线电阻的损耗），即

$$\Delta P = P_{Cu} + P_{Fe} \tag{4-1-7}$$

铁损和铜损可以用实验方法测量或计算求出，铜损与初、次级电流有关；铁损决定于电压，并与频率有关。基本关系是：电流越大，铜损越大；频率越高，铁损越大。

2. 变压器的效率

和机械效率的意义相似，变压器的效率也就是变压器输出功率与输入功率的百分比，即

$$\eta = \frac{P_2}{P_1} \times 100\% \tag{4-1-8}$$

变压器效率较高，大容量变压器的效率可达 98%～99%，小型电源变压器效率为 70%～80%。

4.1.4.4 变压器的铭牌

变压器的铭牌上面标有变压器的型号、额定值等技术指标。通过查看变压器的铭牌，我们能够初步了解变压器的结构和特点。

变压器的型号上标有变压器的结构特点、额定容量（单位是 kV·A）和高压侧的电压等级（单位是 kV），如图 4-1-11 所示。电力变压器型号中常用符号的含义见表 4-1-1。

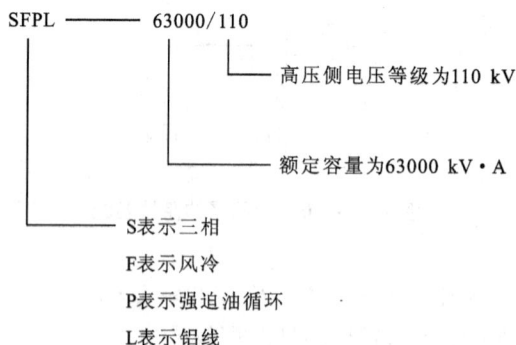

SFPL ——— 63000/110
高压侧电压等级为 110 kV
额定容量为 63000 kV·A
S表示三相
F表示风冷
P表示强迫油循环
L表示铝线

图 4-1-11 变压器的型号

表 4 - 1 - 1　变压器常用符号的意义

项目	类别	符号	项目	类别	符号
相数	单相	D	循环方式	油自然循环	不标注
	三相	S		强迫油循环	P
线圈外冷却方式	矿物油 不燃性油	不标注 B		强迫油导向循环	D
				导体内冷	N
	气体	Q	绕组数	双绕组	不标注
	空气	K		三绕组	S
	成形固体	C		自耦	O
冷却方式	空气自冷	不标注	调压方式	无励磁	不标注
	风冷	F		有载	Z
	水冷	W	导线材质	铝线	L(可不标注)

变压器的额定值主要包括额定容量、额定电压和额定电流。

额定容量是指变压器输出的最大视在功率,三相变压器的额定容量是指三相容量的总和,一般用千伏安表示。

额定电压分一次侧额定电压和二次侧额定电压,其中一次侧额定电压是指接到一次绕组上的电压的额定值,二次侧额定电压是指变压器　次侧接上额定电压时,二次侧的空载电压。

额定电流是指根据额定容量和额定电压计算出的电流。对于单相变压器,一次侧额定电流等于额定容量除以一次侧额定电压,二次侧额定电流等于额定容量除以二次侧额定电压。

4.1.5　技能实训:变压器的识别与检测

4.1.5.1　实训目的
(1)认识各种类型的变压器。
(2)会识读变压器的参数。
(3)能对变压器进行质量检测。

4.1.5.2　实训器材
万用表、兆欧表、变压器实物及图片。

4.1.5.3　实训内容与步骤
1.识别各种变压器
认识图 4 - 1 - 12 所示的各类变压器。

（a）电源变压器

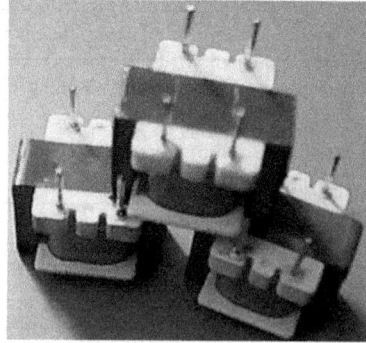

（b）音频变压器

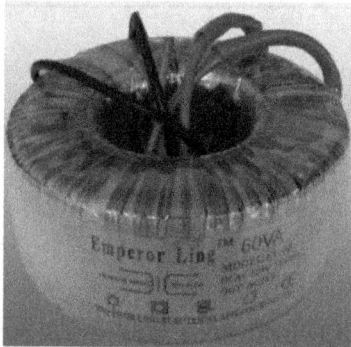

（c）环形变压器

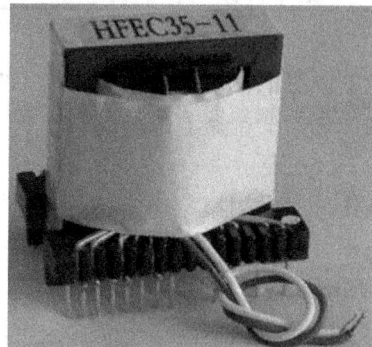

（d）高频变压器

（e）电力变压器

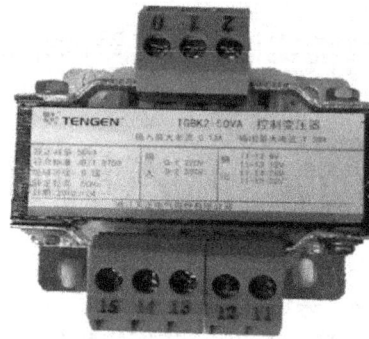

（f）控制变压器

图 4 – 1 – 12　各类变压器

根据实训室提供的变压器,识别其型号,并填写在表 4 - 1 - 2 中。

表 4 - 1 - 2 变压器参数表

序号	型号标注	主　称	意　义	功率
1				
2				
3				
4				

2. 用万用表测量变压器绕组的阻值

电源变压器初级绕组一般为几十欧到几千欧姆,次级绕组阻值一般几欧姆到几十欧姆,如果测量出阻值为特别大,则绕组可能开路,如果测量出阻值特别小,则绕组可能存在匝间短路。将测量数据填入表 4 - 1 - 3 中。

表 4 - 1 - 3 变压器绕组的电阻测量

序号	标　注	初级绕组阻值	次级绕组阻值	判断是否合格
1				
2				
3				
4				

3. 测量变压器初级、次级的绝缘电阻

测量变压器绕组与铁芯之间的绝缘电阻。摇表表笔一端接绕组抽头,另一端接变压器外壳,测量出绝缘电阻。电压等级为 500 V 以下使用 500 V 摇表,1000 V 以上的高压绕组使用 2500 V 摇表,500 V 以上 1000 V 以下的低压绕组用 1000 V 摇表。一般绝缘电阻值规定(20℃):3 ~ 10 kV 为 300 MΩ、20 ~ 35 kV 为 400 MΩ、63 ~ 220 kV 为 800 MΩ、500 kV 为 3000 MΩ。500 V 以下应不低于 0.5 MΩ,绝缘电阻越大越好。将测量数据填入表 4 - 1 - 4 中。

表 4 - 1 - 4 变压器初级、次级的绝缘电阻测量

序号	标　注	初级绝缘电阻	次级绝缘电阻	判断是否合格
1				
2				
3				
4				

4.1.5.4　实训考核

变压器的识别与检测考核评价如表 4 - 1 - 5 所示。

表 4 - 1 - 5　变压器的识别与检测考核评价表

评价内容		配分	考核点	备注
职业素养与 操作规范 （30 分）		2	能做好操作前准备	出现明显失误造成贵重元件或仪表、设备损坏等安全事故；严重违反实训纪律，造成恶劣影响的记 0 分
		3	操作过程中保持良好纪律	
		10	能按老师要求正确操作	
		5	能按正确操作流程进行实施，并及时记录数据	
		5	能保持实训场所整洁	
		5	任务完成后，整齐摆放工具及凳子、整理工作台面等并符合"6S"要求	
作品质量 （70 分）	识别	30	①能识别常见变压器的型号； ②能识别常见变压器的型号的意义和参数	
	检测	30	①能用万用表测量变压器绕组的阻值； ②能正确操作使用摇表测量绝缘电阻； ③能用摇表测量电源变压器的绝缘电阻	
	数据分析	10	①能正确记录测量数据； ②能根据测量的变压器参数判断变压器的好坏及性能	

4.1.5.5　实训小结

（1）电源变压器初级绕组阻值一般为多大？次级绕组阻值一般为多大？

（2）简述变压器型号命名中各部分的含义。

4.1.6　拓展提高：互感器

互感器是电力系统中供测量和保护用的重要设备，分为电压互感器和电流互感器两大类；前者能将系统的高电压变成标准的低电压（100 V 或 100/3 V）；后者能将高压系统中的电流或低压系统中的大电流，变成低压的标准的小电流（5 A 或 1 A），用以给测量仪表和继电器供电。

1. 电压互感器

电压互感器外形实物如图 4 - 1 - 13 所示，电压互感器是用来测量电网高压的一种专用变压器，它能把高电压变成低电压进行测量，它的构造与双绕组变压器相同。在使用时，原绕组并联在高压电源上，副绕组接低压电压表，如图 4 - 1 - 14 所示，只要读出电压表的读数 U_2，则可得到待测高压数值。

实际使用时，电压互感器的额定电压为 100 V，需要根据供电线路的电压来选择电压互感器。如互感器标有 10000 V/100 V，电压表的读数为 66 V，则

$$U_1 = KU_2 = (10000/100) \times 66 = 6600(\text{V})$$

在使用电压互感器时，副绕组的一端和铁壳应可靠接地，以确保安全。

图 4 – 1 – 13　电压互感器实物

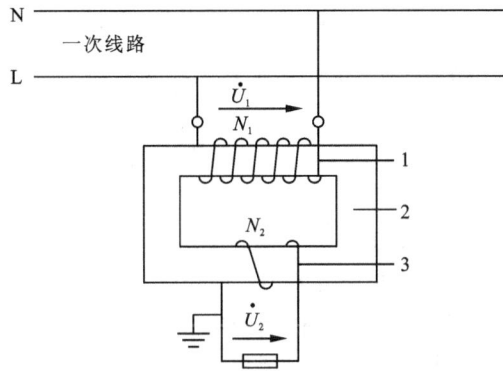

图 4 – 1 – 14　电压互感器测量图

2. 电流互感器

电流互感器外形实物如图 4 – 1 – 15 所示，电流互感器是专门用来测量大电流的专用变压器。使用时原绕组串接在电源线上，将大电流通过副绕组变成小电流，由电流表读出其电流值，接线方法如图 4 – 1 – 16 所示。

图 4 – 1 – 15　电流互感器实物

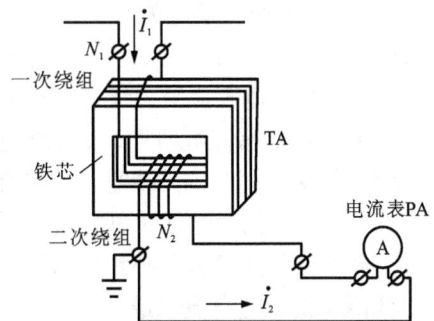

图 4 – 1 – 16　电流互感器测量图

电流互感器的原绕组匝数很少，只有一匝或几匝，绕组的线径较粗。副绕组匝数较多，通过的电流较小，但副绕组上的电压很高，它的工作原理也满足双绕组的电流、电压变换关系，即

$$I_2 = \frac{I_1}{n}, \ U_2 = nU_1$$

任务4.2　白炽灯照明电路及电源插座的安装

4.2.1　任务描述

白炽灯是将灯丝通电加热到白炽状态，利用热辐射发出可见光的电光源。白炽灯照明应用十分普遍，光色和集光性能好，电路简单，安装检修容易。本任务介绍正弦交流电的基本概念、白炽灯照明电路及电源插座的安装方法和技巧。

4.2.2　任务目标

(1)掌握正弦交流电的基本知识。
(2)认识照明电路元器件并掌握基本结构。
(3)会正确安装电源插座及单控、双控照明电路。
(4)会分析单控、双控照明电路控制原理。
(5)会排除白炽灯照明电路和电源插座的常见故障。

4.2.3　基础知识一：正弦交流电

在交流电路中，电流和电压的大小和方向都随时间做周期性变化，这样的电流和电压分别称做交变电流和交变电压，统称为交流电。交流发电机产生的电动势是按正弦规律变化，向外电路输送的是正弦交流电。

4.2.3.1　正弦交流电的产生

如图4-2-1所示，为交流电发电机产生正弦交流电的过程及其对应的波形图。

(1)线圈平面垂直于磁力线，如图4-2-1(a)所示，ab、cd边此时速度方向与磁力线平行，线圈中没有感应电动势，没有感应电流。这时线圈平面所处的位置叫中性面。中性面的特点：线圈平面与磁力线垂直，磁通量最大，感应电动势最小为零，感应电流为零。

(2)当线圈平面逆时针转过90°时，如图4-2-1(b)所示，即线圈平面与磁力线平行时，ab、cd边的线速度方向都跟磁力线垂直，即两边都垂直切割磁力线，这时感应电动势最大，线圈中的感应电流也最大。

(3)再转过90°时，如图4-2-1(c)所示，线圈又处于中性面位置，线圈中没有感应电动势。

(4)当线圈再转过90°时，如图4-2-1(d)所示位置，ab、cd边的瞬时速度方向，跟线

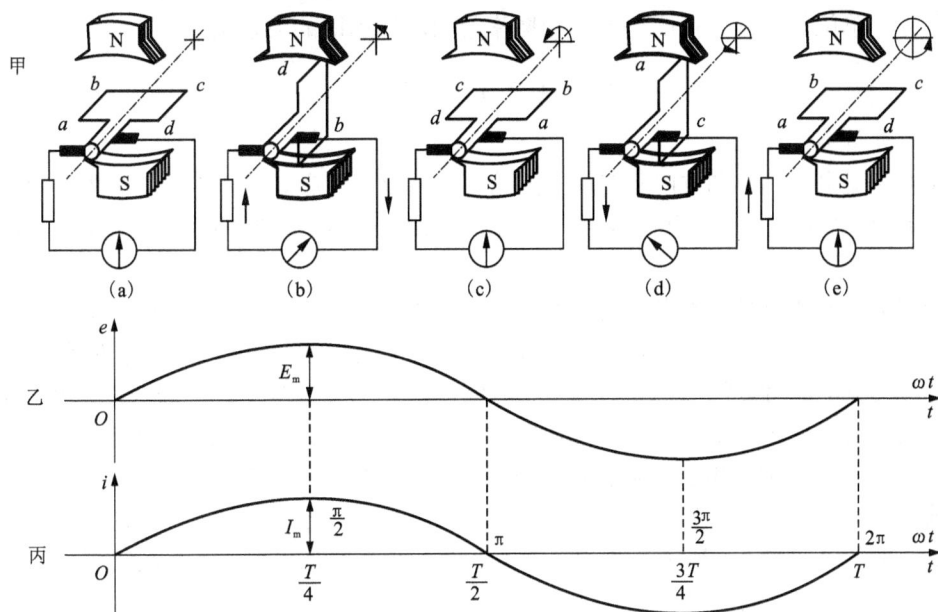

图 4 - 2 - 1　正弦交流电的产生及其波形图

圈经过图 4 - 2 - 1(b)所在位置时的速度方向相反,产生的感应电动势方向也跟在图 4 - 2 - 1(b)所在位置相反。

(5)再转过 90°线圈处于起始位置,如图 4 - 2 - 1(e)所示,与图 4 - 2 - 1(a)所示位置相同,线圈中没有感应电动势。

4.2.3.2　正弦交流电的基本物理量

1.周期和频率

交流电完成一次周期性变化所用的时间,叫作周期,也就是线圈匀速转动一周所用的时间。用 T 表示,单位是 s(秒)。在图 4 - 2 - 1 中,横坐标轴上有 0 到 T 的这段时间就是一个周期。

交流电在单位时间(1 s)完成得周期性变化的次数,叫作频率。用字母 f 表示,单位是赫[兹],符号为 Hz。常用单位还有千赫(kHz)和兆赫(MHz),换算关系如下:

$$1 \text{ kHz} = 10^3 \text{ Hz} \quad 1 \text{ MHz} = 10^6 \text{ Hz}$$

根据定义,周期与频率的关系是互为倒数关系,即

$$T = \frac{1}{f} \quad 或 \quad f = \frac{1}{T} \tag{4 - 2 - 1}$$

我国工农业生产和生活中用的交流电,周期是 0.02 s,频率是 50 Hz,习惯上称为"工频"。世界各国所采用的交流电频率并不相同,例如:美国、日本采用的市电频率均为 60 Hz。

周期与频率都是反映交流电变化快慢的物理量。周期越短、频率越高,交流电变化越快。

交流电变化的快慢,除了用周期和频率表示外,还可以用角频率表示。通常交流电变

化一周可用 2π 弧度或 $360°$ 来计量。那么，单位时间内变化的角度（电角度），叫作角频率，用 ω 表示，单位是 rad/s（弧度/秒）。角频率与频率和周期的关系是

$$\omega = \frac{2\pi}{T} = 2\pi f \qquad (4-2-2)$$

2. 最大值和有效值

正弦交流电的大小和方向随时间按正弦规律变化。正弦交流电在一个周期内所能达到的最大数值，可以用来表示正弦交流电变化的范围，称为交流电的最大值，又称振幅、幅值或峰值。

交流电的有效值是根据电流的热效应来规定的。让一个直流电流与一个交流电流分别通过阻值相等的电阻，如果通电的时间相同，电阻 R 上产生的热量也相等，那么直流电的数值叫作交流电的有效值。例如，在同一时间内，某一交流电通过一段电阻产生的热量，跟 3 A 的直流电通过阻值相同的另一电阻产生的热量相等，那么，这一交流电流的有效值就是 3 A。交流电动势和电压的有效值同样可以用这种方法确定。

通常用 E_m、U_m、I_m 分别表示交流电的电动势、电压和电流的最大值，用 E、U、I 分别表示交流电的电动势、电压和电流的有效值。理论和实验都可以证明，正弦交流电的最大值是有效值的 $\sqrt{2}$ 倍，即

$$\left. \begin{array}{l} I = \dfrac{I_m}{\sqrt{2}} = 0.707\,I_m \\[2mm] U = \dfrac{U_m}{\sqrt{2}} = 0.707\,U_m \\[2mm] E = \dfrac{E_m}{\sqrt{2}} = 0.707\,E_m \end{array} \right\} \qquad (4-2-3)$$

有效值和最大值是从不同角度反映交流电流强弱的物理量。通常所说的交流电的电流、电压、电动势的值，不作特殊说明的都是有效值。例如，市电电压是 220 V，是指其有效值为 220 V。

值得注意的是，在选择电器的耐压时，必须考虑电压的最大值；选择最大允许电流时，同样也是考虑电流的最大值。例如：耐压为 220 V 的电容，不能接到电压有效值为 220 V 的交流电路上，因为电压的有效值为 220 V，对应最大值为 311 V，会使电容器因击穿而损坏。

3. 相位和相位差

$t = T$ 时刻线圈平面与中性面的夹角为 $\omega t + \varphi_0$，叫作交流电的相位。相位是一个随时间变化的量。当 $t = 0$ 时，相位 $\varphi = \varphi_0$，φ_0 叫作初相位（简称初相），它反映了正弦交流电起始时刻的状态。

注意：

初相的大小与时间起点的选择有关，习惯上初相用绝对值小于 π 的角表示。

相位的意义：相位是表示正弦交流电在某一时刻所处状态的物理量，它不仅决定瞬时值的大小和方向，还能反映出正弦交流电的变化趋势。

两个同频正弦交流电，任一瞬间的相位之差就叫作相位差，如图 4-2-2 所示，用符号 φ 表示。即

$$\Phi = (\omega t + \varphi_{01}) - (\omega t + \varphi_{02}) = \varphi_{01} - \varphi_{02} \tag{4-2-4}$$

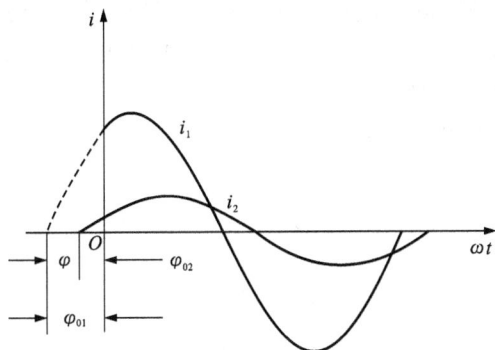

图 4-2-2 同频电流 i_1 和 i_2 的相位差

相位差是指两者的初相之差,它不随时间而改变。

两个频率相同的交流电,如果它们的相位相同,即相位差为零,就称这两个交流电为同相的。它们的变化步调一致,总是同时到达零和正、负最大值,它们的波形如图 4-2-3(a)所示。

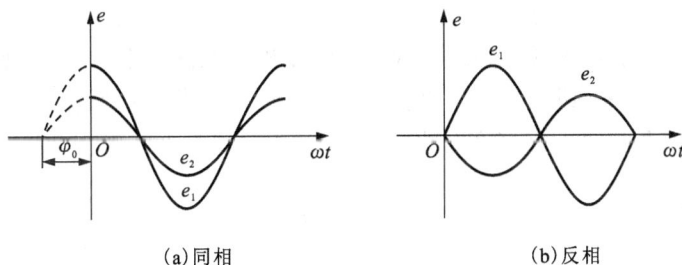

(a)同相

(b)反相

图 4-2-3 两交流电同相与反相

两个频率相同的交流电,如果相位差为 180°,就称这两个交流电为反相。它们的变化步调恰好相反,一个到达正的最大值,另一个恰好到达负的最大值;一个减小到零,另一个恰好增大到零,它们的波形如图 4-2-3(b)所示。

图 4-2-4 表示两个频率相同的交流电,但初相不同,且 $\varphi_{01} > \varphi_{02}$。从图中可以看出,它们的变化步调不一致,$e_1$ 比 e_2 先到达正的最大值、零或负的最大值。这时说 e_1 比 e_2 超前

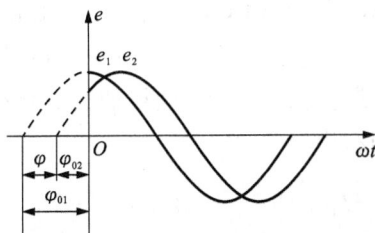

图 4-2-4 e_1 比 e_2 超前 φ

φ，或者 e_2 比 e_1 滞后 φ。

有效值（或最大值）、频率（或周期、角频率）、初相是表征正弦交流电的三个重要物理量。知道了这三个量，就可以写出交流电瞬时值的表达式，从而知道正弦交流电的变化规律，故称之为正弦交流电的三要素。

4.2.3.3 正弦交流电的表示法

1. 解析式表示法

正弦交流电的电动势、电压和电流的瞬时值表达式就是交流电的解析式，即

$$e = E_m \sin(\omega t + \varphi_{eo})$$
$$u = U_m \sin(\omega t + \varphi_{uo})$$
$$i = I_m \sin(\omega t + \varphi_{io})$$

如果知道了交流电的有效值（或最大值）、频率（周期、角频率）和初相，就可以写出它的解析式，可算出交流电任何瞬间的瞬时值。

例如，已知有一正弦交流电压的最大值 $U_m = 310$ V，频率 $f = 50$ Hz，初相 $\varphi_0 = 30°$，则它的解析式为

$$u = U_m \sin(\omega t + \varphi_0) = 310 \sin(100\pi t + 30°)\,\text{V}$$

$t = 0.01$ s 瞬时的电压瞬时值为

$$u = 310 \sin(100\pi \times 0.01 + 30°)\,\text{V} = 310 \sin 210°\,\text{V} = -155\,\text{V}$$

2. 波形图表示法

正弦交流电还可用与解析式相对应的波形图，即正弦曲线来表示，如图 4-2-5 所示，图中的横坐标表示时间 t 或角度 ωt，纵坐标表示随时间变化的电动势、电压和电流的瞬时值，在波形上可以反映出正弦交流电的三要素。

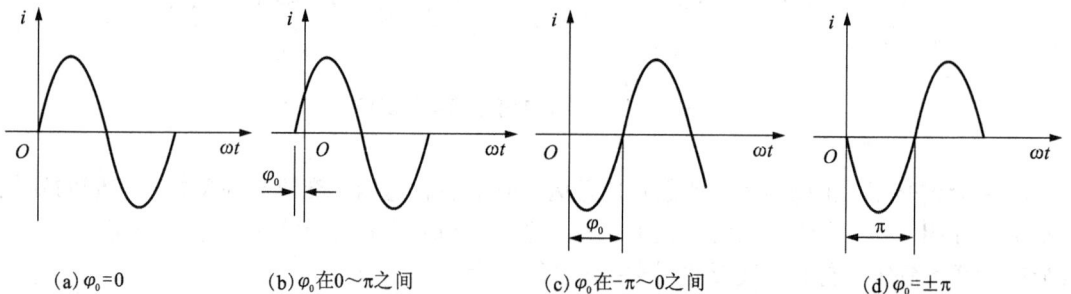

图 4-2-5 φ_0 为各值时交流电的波形图

图 4-2-5(a) 所示正弦曲线的初相为零，图 4-2-5(b) 所示的初相在 $0 \sim \pi$ 之间，图 4-2-5(c) 所示的初相在 $-\pi \sim 0$ 之间，图 4-2-5(d) 所示的初相为 $\pm\pi$。

由图 4-2-5 可看出，如果初相是正值，曲线的起点就在坐标原点的左边；如果初相是负值，则起点在坐标原点的右边。

4.2.4　基础知识二：照明电路元器件

4.2.4.1　开关

开关是指一个可以使电路开路、电流中断或使其流到其他电路的电路控制元件。照明电路中普遍使用的是按键开关。开关有明装和暗装，有一位、二位和三位，有单控和双控等开关。外形、结构及符号如图 4 - 2 - 6 所示。

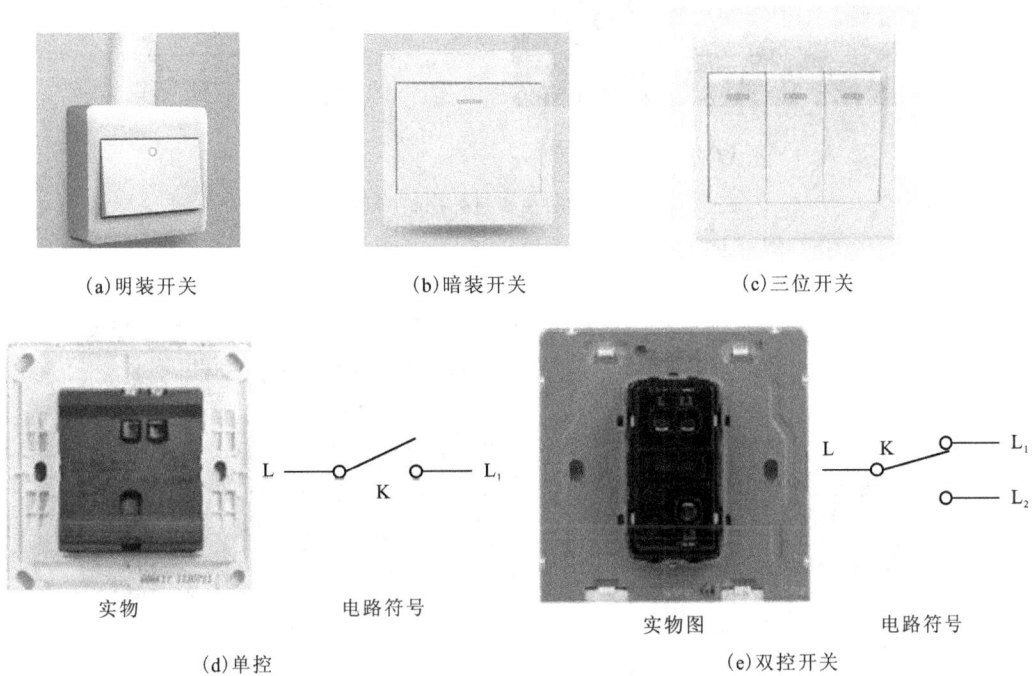

(a)明装开关　　　　　　　　(b)暗装开关　　　　　　　　(c)三位开关

实物　　　　　　　　电路符号　　　　　　　　实物图　　　　　　　　电路符号

(d)单控　　　　　　　　　　　　　(e)双控开关

图 4 - 2 - 6　常见开关外形

室内照明开关一般安装在门边便于操作的位置上，拉线开关一般离地 2 ~ 3 m，跷板暗装开关一般离地 1.3 m，与门框距离一般为 150 ~ 200 mm。

4.2.4.2　白炽灯

白炽灯是第一代电光源。主要工作部分是灯丝，由电阻率较高的钨丝制成。为了防止灯丝断裂，大多绕成螺旋圈式。40 W 以下的白炽灯内部抽成真空；40 W 以上的白炽灯在内部抽成真空后充有少量氩气或氮气等气体，以减少钨丝挥发，延长灯丝寿命。白炽灯通电后，灯丝在高电阻作用下迅速发热发红，直到白炽程度而发光，白炽灯由此得名。由于白炽灯的光线比较柔和，所以它是较为常见的照明光源之一。但白炽灯的发光效率较低，一般用于室内照明或局部照明。白炽灯外形及符号如图 4 - 2 - 7 所示。

白炽灯按其出线端区分，有螺口式和插口式两种，如图 4 - 2 - 8 所示。

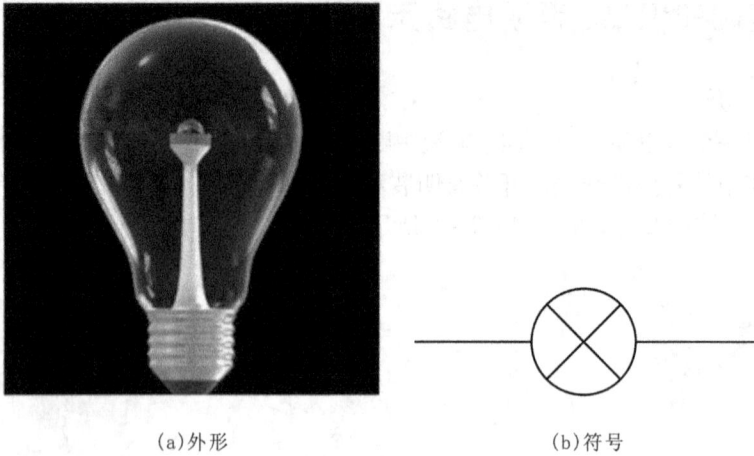

(a)外形　　　　　　　　　　　　　(b)符号

图 4 - 2 - 7　　白炽灯外形与符号

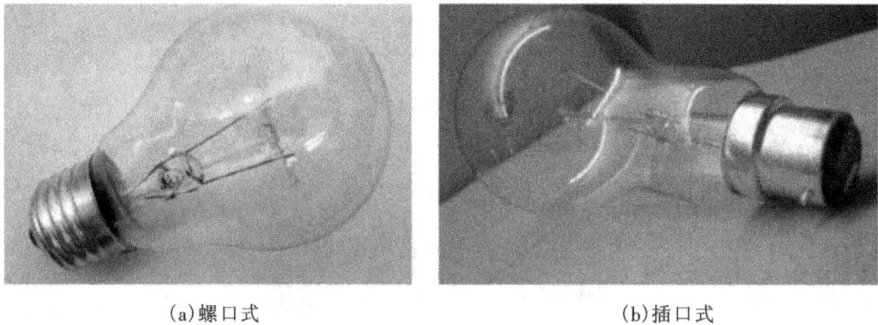

(a)螺口式　　　　　　　　　　　　(b)插口式

图 4 - 2 - 8　　白炽灯种类

4.2.4.3　灯座

灯座按固定白炽灯的形式可以分为螺口灯座和插口灯座两种，按安装方式又分为吊式、平顶式和管式三种；按材质划分有胶木、瓷质和金属之分；按用途划分有普通型、防水型、安全型和多用型几种。螺口灯座、插口灯座和吊式灯座外形如图 4 - 2 - 9 所示。

灯具的安装高度，室外一般不低于 3 m，室内一般不低于 2.4 m。如遇特殊情况难以达到上述要求时，可采取相应的保护措施或改用 36 V 安全电压供电。

4.2.4.4　插座

插座是为移动照明电路、家用电器和其他用电设备提供电源的元件。根据电源电压不同，可分为三相四眼插座和单相三眼或二眼插座；根据安装形式不同，又可分为明装式和暗装式两种。常用插座外形如图 4 - 2 - 10 所示。

单相三眼插座的接线原则是左侧零线、右侧相线、中间接地。插座的接线桩如图 4 - 2 - 11 所示。

(a)螺口平灯座　　　　　(b)螺口吊灯座　　　　　(c)插口吊灯座

图 4 – 2 – 9　灯座种类

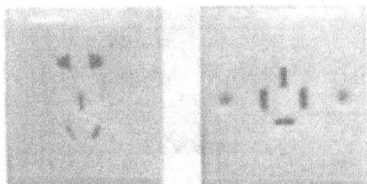

图 4 – 2 – 10　常用插座外形

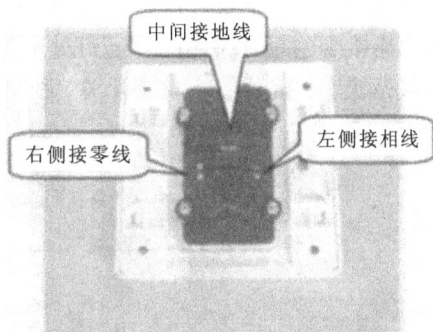

图 4 – 2 – 11　插座接线位桩

注意:

根据标准规定接地线颜色应是黄绿双色线。

视听设备、台灯、接线板等的墙上插座一般距地面 30 cm, 客厅插座根据电视柜和沙发而定, 洗衣机的插座距地面 1.2 ~ 1.5 m, 电冰箱的插座为 1.5 ~ 1.8 m。

4.2.5　基础知识三:单控电路和双控电路

在日常生活中, 人们需要通过开关来控制灯泡的亮与灭; 根据需要, 可以将灯泡联接成单控、双控和多控等形式。而在家庭照明线路中, 单控和双控的接线方式最为常见。

4.2.5.1　单控电路

由一个开关控制一个灯泡的控制方式称为单控电路。它是将开关和灯泡串联接在电源两端, 开关断开时, 灯泡无电流通过, 灯泡不亮; 当开关闭合时, 电流通过灯泡, 灯泡发光。电路如图 4 – 2 – 12 所示。

4.2.5.2　双控电路

为实现照明电路操作控制的方便, 照明线路中需要用多个开关控制同一盏灯, 如楼梯灯、房间照明的控制等。用两个双控开关在两个不同地方控制同一盏灯的接线形式称为双

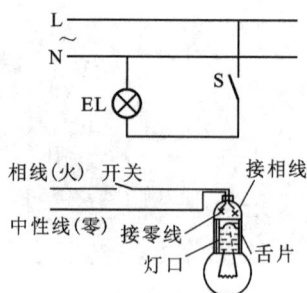

图 4 - 2 - 12　单控电路

控电路。

　　在电路中，两个双控开关通过并行的两根导线相连接，不管开关处在什么位置，总有一条线连接于两只开关之间。若灯处在熄灭状态，按动任一双控开关即可使灯点亮；若灯处在点亮状态，按动任一双控开关，则可使灯熄灭，从而实现了两地控制，也叫一灯双控。电路如图 4 - 2 - 13 所示。

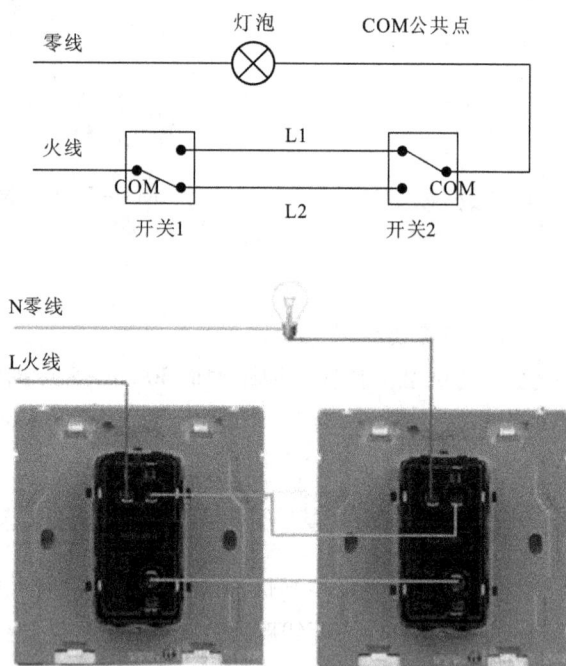

图 4 - 2 - 13　双控电路

　　安装时应注意：开关需接在火线侧，灯泡接在零线侧。因为开关接到零线上，即使断开开关，灯座与火线仍然是相连接的，所以有电压的存在，当有人接触到灯泡上的金属部分就会有触电危险。而开关接在火线上，当开关断开时，灯座只与零线相连，就算有人接触灯泡的金属部分，也不会发生触电。

4.2.6　基础知识四：导线的剥削与连接

4.2.6.1　导线的剥削

1.单层绝缘线

有条件时，用剥线钳去除塑料硬线的绝缘层甚为方便。这里介绍用电工刀进行剥削，方法如下。

(1)在需剥削线头处，用电工刀以45°角倾斜切入塑料绝缘层，注意刀口不能伤着线芯。

(2)刀面与导线保持25°左右，用刀向线端推削，只削去上面一层塑料绝缘，不可切入线芯。

(3)将余下的线头绝缘层向后扳翻，把该绝缘层剥离线芯，再用电工刀切齐。操作如图4-2-14所示。

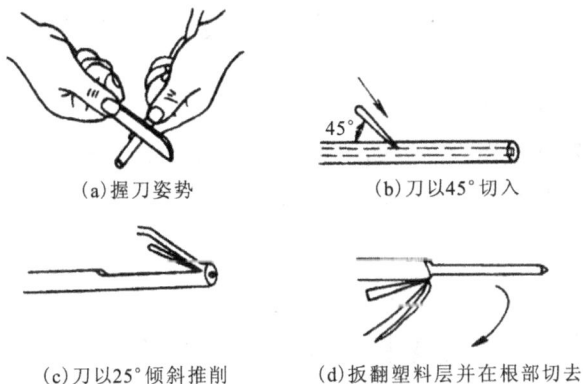

(a)握刀姿势　　　　　　(b)刀以45°切入

(c)刀以25°倾斜推削　　　(d)扳翻塑料层并在根部切去

图4-2-14　单层绝缘线的剥削

2.多层绝缘线

多层绝缘线分层剥切，每层的剥切方法与单层绝缘线相同。对绝缘层比较厚的导线，采用斜剥法，即像削铅笔一样进行剥切。

3.塑料护套线绝缘层的剥削

(1)按线头所需长度，用电工刀刀尖对准护套线中间线芯缝隙处划开护套线。

(2)向后扳翻护套层，用电工刀把它齐根切去。

(3)内层绝缘层的剥削与上述单层绝缘线的剥削方法相同。操作如图4-2-15所示。

4.塑料软线绝缘层的剥削

塑料软线绝缘层不可用电工刀剥削，因为塑料软线由多股铜丝组成，用电工刀容易损伤线芯，只能用剥线钳或钢丝钳剥削，钢丝钳剥削方法如下：

(1)用左手捏住导线，在需剥削线头处，用钢丝钳刀口轻轻切破绝缘层，但不可切伤线芯。

(2)用左手捏紧导线，右手握住钢丝钳头部用力向外勒去塑料层，如图4-2-16所示。

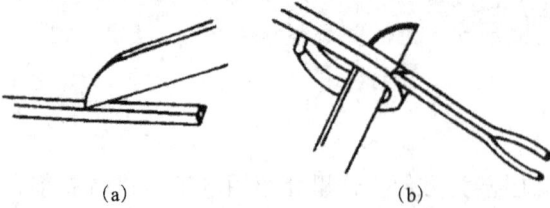

（a）   （b）

图4-2-15 塑料护套线绝缘层的剥削

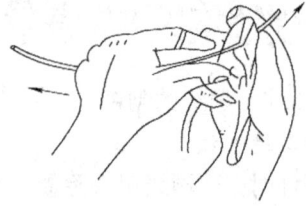

图4-2-16 用钢丝钳勒去导线绝缘层

4.2.6.2 导线的连接

导线连接是电工作业的一项基本工序，也是一项十分重要的工序。导线连接的质量直接关系到整个线路能否安全可靠地长期运行。对导线连接的基本要求是：连接牢固可靠、接头电阻小、机械强度高、耐腐蚀耐氧化、电气绝缘性能好。

需连接的导线种类和连接形式不同，其连接的方法也不同。常用的连接方法有绞合连接、紧压连接、焊接等。绞合连接是指将需连接导线的芯线直接紧密绞合在一起。铜导线常用绞合连接。

1. 单股铜导线的直接连接

（1）小截面单股铜导线连接方法如图4-2-17所示，先将两导线的芯线作X形交叉，再将它们相互缠绕2~3圈后扳直两线头，然后将每个线头在另一芯线上紧贴密绕5~6圈后，剪去多余线头即可。

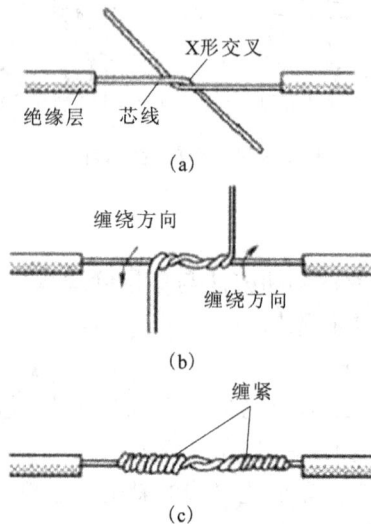

图4-2-17 小截面单股铜导线连接

（2）大截面单股铜导线连接方法如图4-2-18所示，先在两导线的芯线重叠处填入一根相同直径的芯线，再用一根截面为1.5 mm² 的裸铜线在其上紧密缠绕，缠绕长度为导线直径的10倍左右，然后将被连接导线的芯线线头分别折回，再将两端的缠绕裸铜丝继续缠绕5~6圈后剪去多余线头即可。

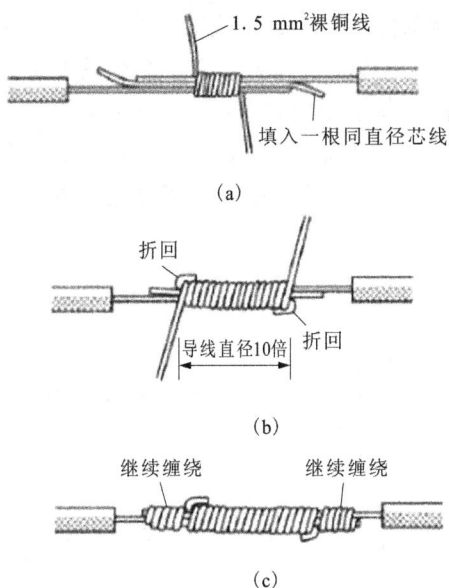

1.5 mm² 裸铜线

填入一根同直径芯线

(a)

折回

折回

导线直径10倍

(b)

继续缠绕　　继续缠绕

(c)

图4-2-18　大截面单股铜导线连接

2. 单股铜导线的分支连接

单股铜导线的丁字分支连接如图4-2-19所示,将支路芯线的线头紧密缠绕在干路芯线上5~8圈后剪去多余线头即可。对于较小截面的芯线,可先将支路芯线的线头在干路芯线上打一个环绕结,再紧密缠绕5~8圈后剪去多余线头即可。

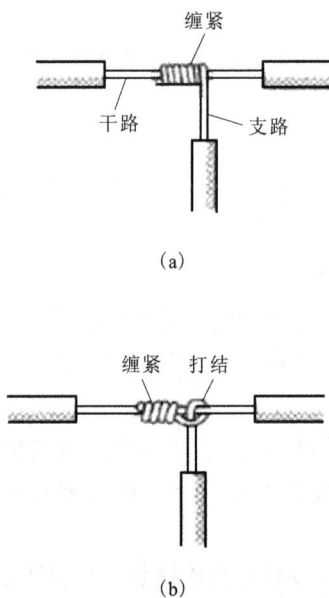

缠紧

干路　　支路

(a)

缠紧　　打结

(b)

图4-2-19　单股铜导线的分支连接

3. 多股铜导线的直接连接

多股铜导线的直接连接如图 4 - 2 - 20 所示，首先将剥去绝缘层的多股芯线拉直，将其靠近绝缘层的约 1/3 芯线绞合拧紧，而将其余 2/3 芯线成伞状散开，另一根需连接的导线芯线也如此处理。接着将两伞状芯线相对着互相插入后捏平芯线，然后将每一边的芯线线头分作 3 组，先将某一边的第 1 组线头翘起并紧密缠绕在芯线上，再将第 2 组线头翘起并紧密缠绕在芯线上，最后将第 3 组线头翘起并紧密缠绕在芯线上。以同样方法缠绕另一边的线头。

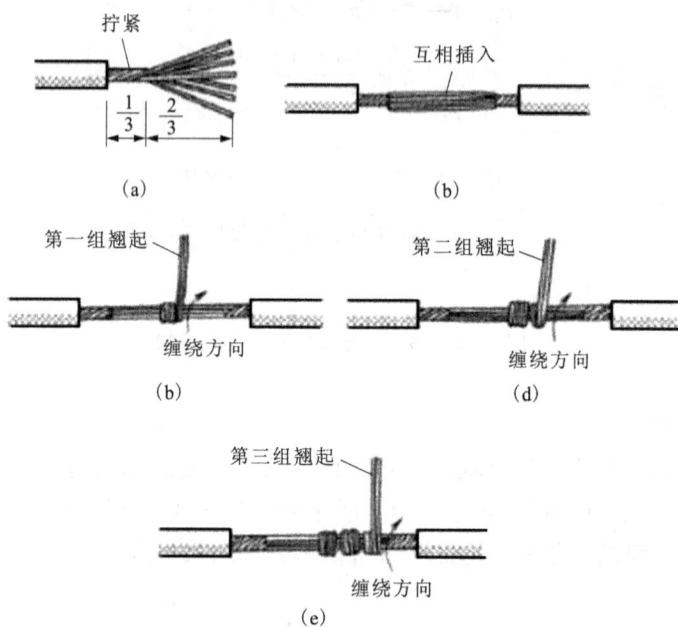

图 4 - 2 - 20　多股铜导线的直接连接

4. 多股铜导线的分支连接

多股铜导线的分支连接如图 4 - 2 - 21 所示，将支路芯线 90° 折弯与干路芯线并行，然后将线头折回并紧密缠绕在芯线上即可。

4.2.6.3　导线绝缘层的恢复

为了进行连接，导线连接处的绝缘层已被去除。导线连接完成后，必须对所有绝缘层已被去除的部位进行绝缘处理，以恢复导线的绝缘性能，恢复后的绝缘强度应不低于导线原有的绝缘强度。

从导线的左端绝缘层约 2 倍胶带宽处开始缠绕黄蜡带，缠绕时，胶带保持与导线成 45° 的角度，并且缠绕时胶带要压住上圈胶带的 1/2，缠绕到导线右端绝缘层约 2 倍胶带宽处停止，如图 4 - 2 - 22 所示。

在导线右端将黑胶带与黄蜡胶带粘贴连接好，然后从右往左斜向缠绕黑胶带，缠绕方法与黄蜡带相同，缠绕至导线左端黄蜡带的起始端结束。对于 220 V 线路，也可不用黄蜡带，只用黑胶带或塑料胶带包缠两层。

(a)

(b)

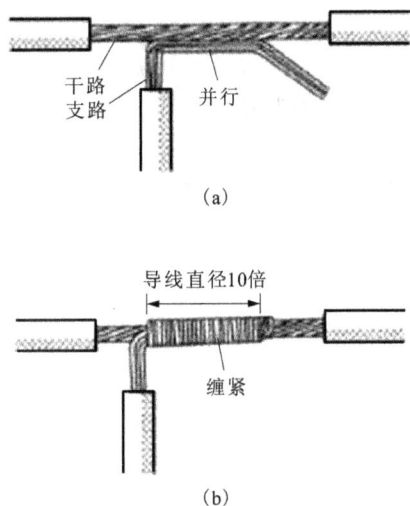

图 4 - 2 - 21　多股铜导线的分支连接

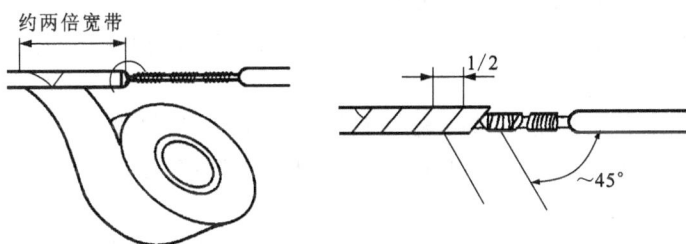

图 4 - 2 - 22　导线绝缘层的恢复

4.2.7　技能实训：电源插座与单控、双控电路的安装

4.2.7.1　实训目的
(1)掌握电源插座、开关、灯座的安装方法。
(2)掌握导线的剥削及连接。
(3)会安装电源插座与单控、双控开关电路。

4.2.7.2　实训器材
常用电工工具一套，MF47 型万用表一个，瓷插式熔断器两个，单控开关 220 V/10 A 一个，单相五孔插座 220/10 A 两个，双控开关 220 V/10 A 两个，灯泡灯座 2 个，塑料绝缘线、塑料护套线若干。

4.2.7.3　实训内容与步骤
1.插座与单控电路的安装
电源插座和一控一照明电路原理图如图 4 - 2 - 23 所示。

(1)插座的左接线端连接电源零线 N,右接线端连接电源相线 L,上接线端连接保护地线。

(2)灯座一端接电源零线 N,另一端接单控开关。

(3)开关一端接灯泡,另一端接电源相线 L。

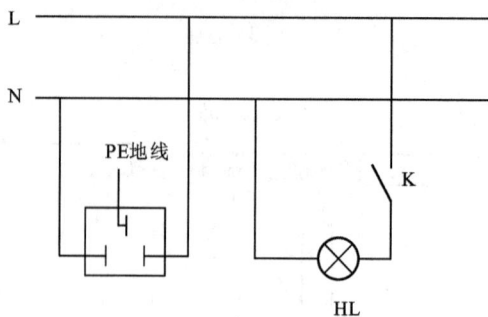

图 4 - 2 - 23　插座与单控电路原理图

2.插座与双控电路的安装

电源插座和二控一照明电路原理图如图 4 - 2 - 24 所示。

(1)插座的左接线端连接电源零线 N,右接线端连接电源相线 L,上接线端连接保护地线。

(2)灯座一端接电源零线 N,另一端接双控开关 K1 的公共端。

(3)将两个双控开关的接线柱 L1 和 L2 分别用导线连接,K1 的公共端接灯座一端,K2 的公共端接电源相线 L。

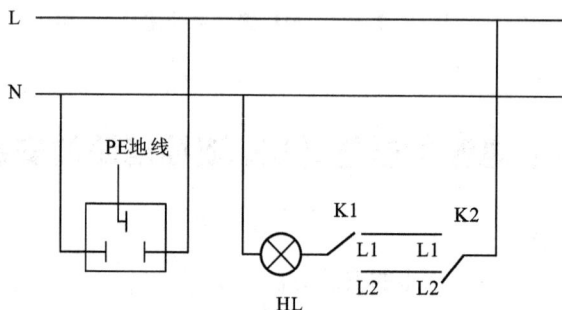

图 4 - 2 - 24　插座与双控电路原理图

3.通电调试

检查接线无误后,通电调试。

4.2.7.4　实训注意事项

(1)相线和零线接开关不可接错。

(2)电路检查无误后方可通电。

(3)白炽灯的额定电压要与电源电压相符。

（4）使用螺口灯泡时，要把相线接在灯座的中心触点上。

（5）白炽灯安装在露天场所时，要使用防水灯座和灯罩。

（6）吊灯座必须用两根绞合塑料软导线或花线作为与接线盒的连接线。

4.2.7.5　实训考核

电源插座与单控、双控电路的安装考核评价如表 4 – 2 – 1 所示。

表 4 – 2 – 1　电源插座与单控、双控电路的安装考核评价表

评价内容		配分	考核点	备注
职业素养与操作规范（30 分）		2	能做好操作前准备	出现明显失误造成贵重元件或仪表、设备损坏等安全事故；严重违反实训纪律，造成恶劣影响的记 0 分
		3	操作过程中保持良好纪律	
		10	能按老师要求正确操作	
		5	能按正确操作流程进行实施，并及时记录数据	
		5	能保持实训场所整洁	
		5	任务完成后，整齐摆放工具及凳子、整理工作台面等并符合"6S"要求	
作品质量（70 分）	工艺	30	①走线平整规范；②开关插座安装水平，无歪斜	
	功能	30	①能正确安装单控开关；②能正确安装双控开关；③能正确安装电源插座；④能排除白炽灯照明线路常见故障	
	指标	10	①开关安装高度符合要求；②插座安装高度符合要求；③白炽灯安装符合要求	

4.2.7.6　实训小结

（1）照明线路中开关和插座的安装高度一般为多少？

（2）简述安装开关和插座的注意事项。

（3）画出一控一和二控一照明电路原理图。

4.2.8　拓展提高：多控接法

所谓多控接法，就是多个控制点控制一处负载（灯泡）的通断，该线路的好处是不必往返去开、关灯，与常见的二控一类似，但它运用更灵活。

4.2.8.1　中途开关

中途开关实物如图 4 – 2 – 25（a）所示，这种开关背面有六个接线柱。图 4 – 2 – 25（b）所示为电路符号，从图中可以看出，中途开关实际上是两个连动的双控开关，通过开关的拨动，L1 与 L11、L2 与 L21 相通时，L1 与 L12、L2 与 L22 断开；L1 与 L12、L2 与 L22 相通时，L1 与 L11、L2 与 L21 断开。

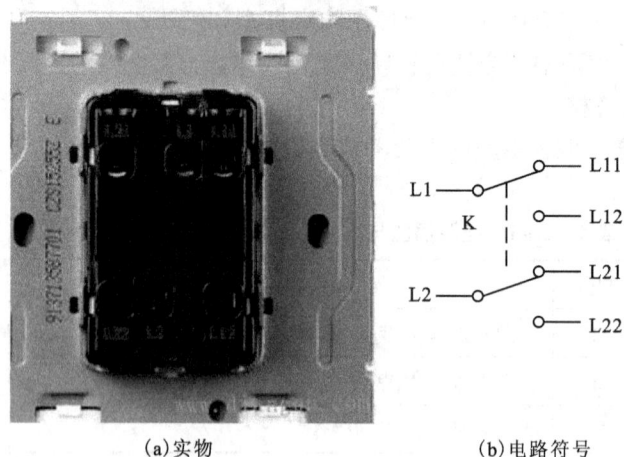

(a)实物　　　　　　　　　(b)电路符号

图4-2-25　中途开关

4.2.8.2　三控接法

进入卧室要方便开、关灯,睡觉后夫妻二人为了互不打扰也要方便开、关灯,为此,就要采用三地控制。

下面以图4-2-26所示为例进行介绍,要实现从 A、B、C 三地控制电灯,布线时,需要从配电箱内引出1根零线和1根火线,火线直接通往 A 地接线盒,零线通向电灯接线盒;然后再从电灯接线盒接1根线连接到 C 地接线盒内;最后取两根线,连接 A、B 两地接线盒,取两根线,连接 B、C 两地接线盒。

如此一来,A 接线盒就有了3根待接的电线,分别通往配电箱的火线1根,通向 B 地接线盒2根;C 地接线盒内也有3根待接电线,分别为通向 B 地接线盒的2根,通向电灯接线盒的1根;而 B 地接线盒内有4根电线,分别为通向 A、C 二地接线盒各2根;电灯接线盒内有2根待接的电线分别为通向配电箱的1根和通向 C 地的1根。

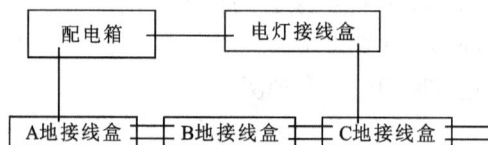

图4-2-26　三控电路方框图

三地控制电路原理图如图4-2-27(a)所示。A 地双控开关上的 L 接线柱连接电源相线,L1 与 L2 接线柱连接至 B 地三控开关上的 L2 和 L1;将 B 地三控开关的 L11 和 L22、L12 和 L21 连上,再分别与 C 地双控开关上 L1 和 L2 连接;C 地双控开关上的 L 接线柱连接通向电灯的接线盒的那根线。实物图如图4-2-27(b)所示。

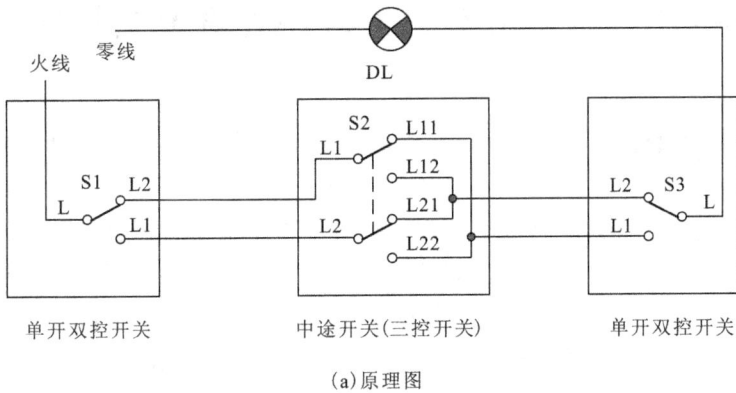

（a）原理图

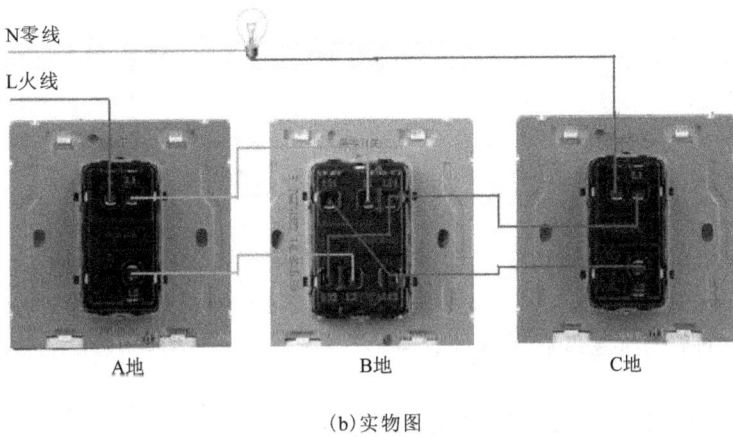

（b）实物图

图 4 - 2 - 27　三地控制

4.2.8.3　多控接法

在三控接法基础上可实现更多的控制，原理与三控接法相同。图 4 - 2 - 28 所示为六地控制电路图。

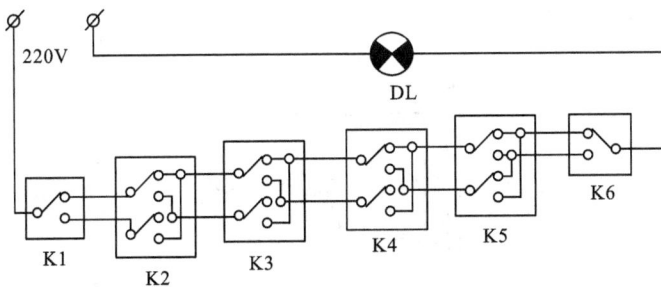

图 4 - 2 - 28　六地控制电路

任务 4.3 日光灯照明电路安装与常见故障排除

4.3.1 任务描述

日光灯,又称为荧光灯。其两端各有一灯丝,灯管内充有微量的氩和稀薄的汞蒸气,灯管内壁上涂有荧光粉,两个灯丝之间的气体导电时发出紫外线,使荧光粉发出柔和的可见光。与白炽灯相比,日光灯具有发光效率高、寿命长、光线柔和与光色宜人等特点。本任务介绍纯电阻、纯电容、纯电感及其组合交流电路特点和日光灯照明电路安装与故障排除方法。

4.3.2 任务目标

(1)掌握单一参数交流电路的电压与电流关系,了解阻抗、容抗和感抗的概念。

(2)会用矢量图分析 RL 串联、RC 串联、RLC 串联电路,掌握电压三角形和阻抗三角形。

(3)理解交流电路中有功功率、无功功率、视在功率和功率因数的概念。

(4)掌握日光灯照明电路的工作原理;会正确安装日光灯照明控制线路。

(5)会排除日光灯照明线路的常见故障。

4.3.3 基础知识一:纯电阻电路

纯电阻电路是最简单的交流电路,它由交流电源和纯电阻元件组成。日常生活和工作中接触到的白炽灯、电炉、电烙铁等都属于电阻性负载。

4.3.3.1 电流、电压间的关系

演示实验一:如图 4-3-1 所示连接好实验电路,改变信号发生器的输出电压和频率,观察、记录电流表和电压表的读数情况,研究电流、电压间的数量关系。注意分析电流、电压关系是否受电源频率变化影响。

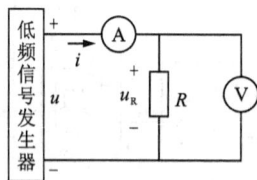

图 4-3-1 纯电阻电路演示实验图

从电流表、电压表的读数可看出,电压有效值与电流有效值之间成正比(与电源频率变化无关),比值等于电阻的阻值。表明电压有效值与电流有效值服从欧姆定律,即

$$I = \frac{U_R}{R} \qquad\qquad (4-3-1)$$

其电压、电流最大值也同样服从欧姆定律，即

$$I_m = \frac{U_{mR}}{R}$$

演示实验二：将超低频信号发生器的频率选择在 6 Hz 左右，当开关闭合以后，仔细观察电流表、电压表的指针变化情况，及其之间的时间关系。

电流表和电压表的指针同时到达左边最大值，同时归零，又同时到达右边最大值，即电流表与电压表同步摆动。

实验表明纯电阻电路中，电流与电压相位相同，相位差为零，即

$$\varphi = \varphi_u - \varphi_i = 0$$

纯电阻电路中，电压与电流同相，电压瞬时值与电流瞬时值之间服从欧姆定律，即

$$i = \frac{u_R}{R} \qquad\qquad (4-3-2)$$

注意：

在交流电路中，上式是纯电阻电路所特有的公式，只有在纯电阻电路中，任一时刻的电压、电流瞬时值服从欧姆定律。

根据我们刚才所作的演示实验结果表明，在纯电阻电路中电流、电压的瞬时值、最大值、有效值之间均服从欧姆定律，且同相。我们可以用图 4-3-2 所示波形图和矢量图来形象地表述这种关系。

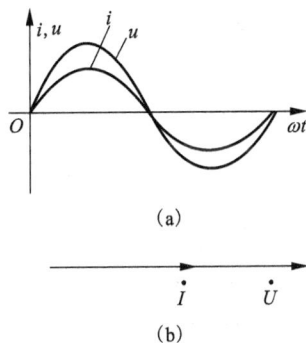

(a)

(b)

图 4-3-2　纯电阻电路中 u、i 的波形图和矢量图

4.3.3.2　功率

1.瞬时功率

某一时刻的功率叫作瞬时功率，它等于电压瞬时值与电流瞬时值的乘积。瞬时功率用小写字母 p 表示

$$p = ui \qquad\qquad (4-3-3)$$

以电流 $i = I_m \sin(\omega t)$ 为参考正弦量，则电阻 R 两端的电压为 $u_R = U_R \sin\omega t$，将 i，u_R 代入 $p = ui$ 中

$$p = u_{R}i$$
$$= U_{Rm}\sin\omega t \cdot I_{m}\sin\omega t$$
$$= \sqrt{2}U_{R}\sin\omega t \cdot \sqrt{2}I\sin\omega t$$
$$= U_{R}I - U_{R}I\cos 2\omega t \qquad\qquad (4-3-4)$$

分析：

瞬时功率的大小随时间作周期性变化，变化的频率是电流或电压的 2 倍，它表示出任一时刻电路中能量转换的快慢速度。由上式可知，电流、电压同相，功率 $p \geqslant 0$，其中最大值为 $2U_{R}I$，最小值为零。其电气关系可用图 4 - 3 - 3 表示。

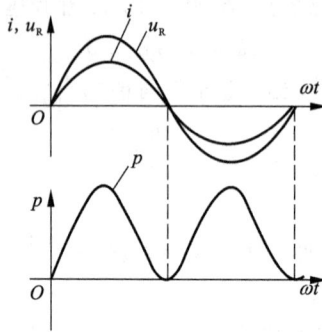

图 4 - 3 - 3　纯电阻电路功率曲线

2. 平均功率

瞬时功率在一个周期内的平均值称为平均功率，用大写字母 P 表示。

$$P = U_{R}I \qquad\qquad (4-3-5)$$

根据欧姆定律，平均功率还可以表示为

$$P = U_{R}I = IR^{2} = \dfrac{U_{R}^{2}}{R} \qquad\qquad (4-3-5)$$

式中：U_{R}——R 两端电压有效值，单位是伏［特］，符号为 V；

　　　I——流过电阻的电流有效值，单位是安［培］，符号为 A；

　　　R——用电器的电阻值，单位是欧［姆］，符号为 Ω；

　　　P——电阻消耗的平均功率，单位是瓦［特］，符号为 W。

例 4.3.1　已知某白炽灯工作时的电阻为 484 Ω，其两端所加电压 $u = 311\sin 314t$（V）。试求：（1）电流有效值并写出电流瞬时值的表达式；（2）白炽灯的有功功率。

解：（1）由 $u = 311\sin 314t$（V）可知，交流电压有效值为

$$U = \dfrac{U_{m}}{\sqrt{2}} = \dfrac{311}{\sqrt{2}} = 220（V）$$

电流的有效值为

$$I = \dfrac{U}{R} = \dfrac{220}{484} = 0.455（A）$$

电阻上电流与电压为同频率、同相位的正弦量，则电流瞬时值的表达式为

$$i = 0.455\sqrt{2}\sin 314t \ (\text{A})$$

（2）白炽灯的功率为

$$P = U_R I = UI = 220 \times 0.455 = 100(\text{W})$$

4.3.4　基础知识二：纯电感电路

一个忽略了电阻和分布电容的空心线圈，与交流电源连接组成的电路叫作纯电感电路。

4.3.4.1　电压与电流的关系

演示实验一：连接好图 4-3-4 所示实验电路，在保证电源频率一致的情况下，改变信号发生器的输出电压，观察、记录电流表和电压表的读数情况，研究电流、电压间的数量关系。改变电源频率，重复之前的步骤。注意分析电流、电压关系是否受电源频率变化影响。

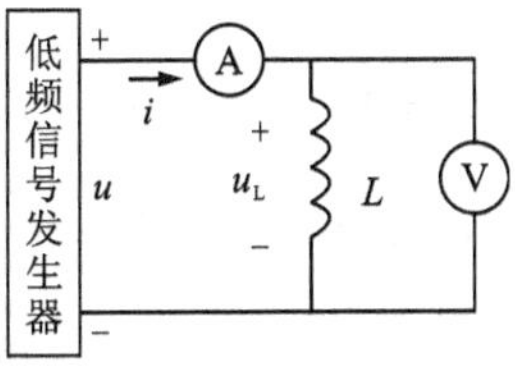

图 4-3-4　纯电感电路演示实验图

分析实验现象可知，电压与电流的有效值成正比，且其比值随电源频率变化，电源频率越高，电压与电流比值越大。

电压与电流有效值之间关系如下式：

$$U_L = X_L I \tag{4-3-6}$$

式中：U_L——电感线圈两端的电压有效值，单位是伏［特］，符号为 V；

　　　I——通过线圈的电流有效值，单位是安［培］，符号为 A；

　　　X_L——电感的电抗，简称感抗，单位是欧［姆］，符号为 Ω。

上式叫作纯电感电路的欧姆定律。感抗是新引入的物理量，它表示线圈对通过的交流电所呈现出来的阻碍作用。

将上式两端同时乘以 $\sqrt{2}$，可得

$$U_{Lm} = X_L I_m \tag{4-3-7}$$

这表明在纯电感电路中，电压、电流的最大值也服从欧姆定律。

理论和实验证明，感抗的大小与电源频率成正比，与线圈的电感成正比。感抗的公式为

$$X_L = 2\pi f L \tag{4-3-8}$$

式中：f——电压频率，单位是赫［兹］，符号为 Hz；

　　　L——线圈的电感，单位是亨［利］，符号为 H；

　　　X_L——线圈的感抗，单位是欧［姆］，符号为 Ω。

　　值得注意的是，线圈的感抗 X_L 和电阻 R 的作用相似，但是它与电阻 R 对电流的阻碍作用有本质区别。分析 $X_L = 2\pi fL$ 可知，感抗在直流电路中值为零，对电流没有阻碍作用；只有在电流频率大于零，即为交流电时，感抗才对电流有阻碍作用，且频率越高，阻碍作用越大。这也反映了电感元件"通直流，阻交流；通低频，阻高频"的特性，其本质为电感元件在电流变化时所产生的自感电动势对交变电流的反抗作用。

　　演示实验二：将低频信号发生器的频率选择在 6 Hz 以下，当开关闭合以后，仔细观察电流表、电压表的指针变化情况，及其之间的时间关系。

　　可以看到电压表指针到达右边最大值时，电流表指针指向中间零值；当电压表指针由右边最大值返回中间零值时，电流表指针由零值到达右边最大值；当电压表指针运动到左边最大值时，电流表指针运动到中间零值。

　　实验结果表明，在纯电感电路中，电压超前电流 $\dfrac{\pi}{2}$。

　　所以纯电感电路中，电感两端的电压 u_L 超前电流 $\dfrac{\pi}{2}$。设电路电流为 $i = I_m \sin(\omega t)$，则线圈两端的电压为

$$u_L = U_{Lm}\sin\left(\omega t + \frac{\pi}{2}\right)$$

　　根据电流、电压的解析式，可以作出电流和电压的波形图以及它们的旋转矢量图，分别如图 4-3-5 和图 4-3-6 所示。

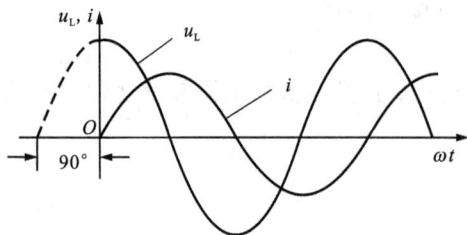

图 4-3-5　纯电感电路电流、电压波形图　　　图 4-3-6　纯电感电路电压、电流旋转矢量图

4.3.4.2　功率

1. 瞬时功率

纯电感电路中的瞬时功率等于电压瞬时值与电流瞬时值的乘积，即

$$p = u_L i = U_{Lm}\sin\left(\omega t + \frac{\pi}{2}\right) \cdot I_m \sin\omega t$$
$$= \sqrt{2}U_L\cos\omega t \times \sqrt{2}I\sin\omega t$$
$$= U_L I \times 2\sin\omega t\cos\omega t$$
$$= U_L I\sin 2\omega t$$

纯电感电路的瞬时功率 p 是随时间按正弦规律变化的，其频率为电源频率的 2 倍，振幅为 UI，其波形图如图 4-3-7 所示。

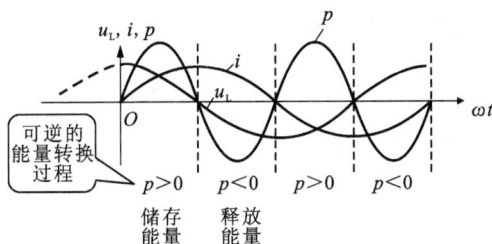

图 4 - 3 - 7　纯电感电路功率曲线

2. 平均功率

平均功率值可通过曲线与 t 轴所包围的面积的和来求。

分析图 4 - 3 - 7 可知，表示功率的曲线与 t 轴所围成的面积，t 轴以上部分与 t 轴以下的部分相等，即 $p > 0$ 与 $p < 0$ 的部分相等，这两部分和为零。

这说明纯电感电路中平均功率为零，即纯电感电路的有功功率为零。其物理意义是，纯电感电路不消耗电能。

3. 无功功率

虽然纯电感电路不消耗能量，但是电感线圈 L 和电源 E 之间在不停地进行着能量交换。

如图 4 - 3 - 7 所示，在 $0 \sim T/4$ 和 $T/2 \sim 3T/4$ 这两个 1/4 周期中，由于电流的绝对值不断增加，因此电源克服线圈自感电动势做功，电感线圈磁场能不断增大。在波形图中，这两个 1/4 周期内，u_L 和 i 的方向相同，瞬时功率为正值，这表明电感线圈 L 从电源吸取了能量，并把它转变为磁场能储存在线圈中。

在 $T/4 \sim T/2$ 和 $3T/4 \sim T$ 这两个 1/4 周期中，电流的绝对值不断减小，因此线圈自感电动势克服电源做功，电感线圈磁场能不断减少。在波形图中，这两个 1/4 周期内，u_L 和 i 的方向相反，瞬时功率 p 为负值，这表明电感线圈 L 将它的磁场能还给电源，即电感线圈 L 释放出能量。

为反映纯电感电路中能量的相互转换，把单位时间内能量转换的最大值（即瞬时功率的最大值），叫作无功功率，用符号 Q_L 表示

$$Q_L = U_L I \qquad\qquad (4 - 3 - 9)$$

式中：U_L——线圈两端的电压有效值，单位是伏[特]，符号为 V；

　　　I——通过线圈的电流有效值，单位是安[培]，符号为 A；

　　　Q_L——感性无功功率，单位是乏，符号为 var。

注意：

无功功率中"无功"的含义是"交换"而不是"消耗"，它是相对于"有功"而言的。决不可把"无功"理解为"无用"。它实质上是表明电路中能量交换的最大速率。

例 4.3.2　某线圈忽略其电阻不计，接在 $u = 220\sqrt{2}\sin(314t + 30°)$（V）的工频交流电源上，已知线圈的电感量 $L = 0.7\mathrm{H}$。

（1）写出流过线圈电流的瞬时值表达式；

（2）求电路的无功功率。

解：（1）$X_L = \omega L = 314 \times 0.7 \approx 220(\Omega)$

$$I = \frac{U}{X_L} = \frac{220}{220} = 1(A)$$

由于电感上电压超前电流$90°$，则

$$\Phi_i = \Phi_u - 90° = 30° - 90° = -60°$$

所以，流过线圈电流的瞬时值表达式

$$i = \sqrt{2}\sin(314t - 60°)(A)$$

（2）电路的无功功率

$$Q_L = U_L I = 220 \times 1 = 220(\text{var})$$

4.3.5　基础知识三：纯电容电路

4.3.5.1　电压与电流的关系

演示实验一：如图4-3-8所示连接好电路，在保证电源频率一致的情况下，改变信号发生器的输出电压，观察、记录电流表和电压表的读数情况，研究电流、电压间的数量关系。

改变电源频率，重复之前的步骤。注意分析电流、电压关系是否受电源频率变化影响。

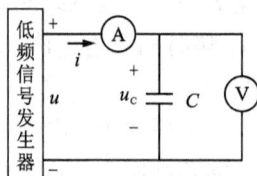

图4-3-8　纯电容电路

分析实验现象可知，电压与电流的有效值成正比，且其比值随电源频率变化，电源频率越高，电压与电流比值越小。

电压与电流有效值之间关系如下式：

$$U_C = X_C I \qquad\qquad (4-3-10)$$

式中：U_C——电容器两端电压的有效值，单位是伏［特］，符号为V；

$\quad I$——电路中电流有效值，单位是安［培］，符号为A；

$\quad X_C$——电容的电抗，简称容抗，单位是欧［姆］，符号为Ω。

上式叫作纯电容电路的欧姆定律。容抗是新引入的物理量，它表示电容元件对电路中的交流电所呈现出来的阻碍作用。

将上式两端同时乘以$\sqrt{2}$，可得

$$U_{Cm} = X_C I_m$$

这表明在纯电容电路中，电压、电流的最大值也服从欧姆定律。

理论和实验证明，容抗的大小与电源频率成反比(演示实验一中可以观察到)，与电容器的电容成反比。容抗的公式为

$$X_C = \frac{1}{2\pi f C} \tag{4-3-11}$$

式中：f——电压频率，单位是赫［兹］，符号为 Hz；

　　C——电容器的电容，单位是法［拉］，符号为 F；

　　X_C——电容器的容抗，单位是欧［姆］，符号为 Ω。

提示：

当频率一定时，在同样大小的电压作用下，电容越大的电容器所存储的电荷量就越多，电路中的电流也就越大，电容器对电流的阻碍作用也就越小；当外加电压和电容一定时，电源频率越高，电容器充、放电的速度越快，电荷移动速率也越高，则电路中电流也就越大，电容器对电流的阻碍作用也就越小。这也反映了电容元件"通交流，阻直流；通高频，阻低频"的特性。特别注意，对于直流电($f=0$)，容抗趋于无穷大，可将电容元件视为断路。

用一句话总结电容元件的特性："通交流，阻直流；通高频，阻低频。"

演示实验二：将低频信号发生器的频率选择在 6 Hz 以下，当开关闭合以后，仔细观察电流表、电压表的指针变化情况，及其之间的时间关系。

可以看到电流表指针到达右边最大值时，电压表指针指向中间零值；当电流表指针由右边最大值返回中间零值时，电压表指针由零值到达右边最大值；当电流表指针运动到左边最大值时，电压表指针运动到中间零值……

实验结果表明，在纯电容电路中，电压滞后于电流 $\frac{\pi}{2}$。

在纯电容电路中，电容器两端的电压 u_C 滞后电流 $\frac{\pi}{2}$，电容器两端的电压为 $u_C = U_{Cm}\sin\omega t$，则电路中的电流为

$$i = I_m\sin(\omega t + \frac{\pi}{2})$$

根据电流、电压的解析式，作出电流和电压的波形图以及它们的旋转矢量图，分别如图 4-3-9、图 4-3-10 所示。

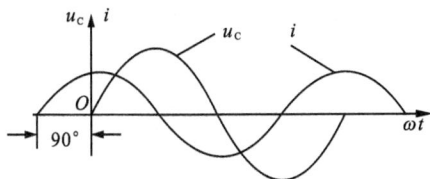

图 4-3-9　纯电容电路电流、电压波形图　　　　图 4-3-10　纯电容电路电流、电压矢量图

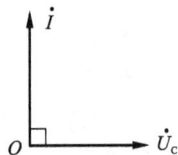

4.3.5.2　功率

1.瞬时功率

纯电容电路中的瞬时功率等于电压瞬时值与电流瞬时值的乘积，即

$$p = u_C i = U_{Cm} \sin\omega t \cdot I_m \sin\left(\omega t + \frac{\pi}{2}\right)$$

$$= \sqrt{2} U_C \sin\omega t \times \sqrt{2} I \cos\omega t$$

$$= U_C I \times 2\sin\omega t \cos\omega t$$

$$= U_C I \sin 2\omega t$$

纯电容电路的瞬时功率 p 是随时间按正弦规律变化的,其频率为电源频率的 2 倍,振幅为 $U_C I$,其波形图如图 4 – 3 – 11 所示。

与纯电感电路相似,从图 4 – 3 – 11 可以看出,纯电容电路的有功功率为零,这说明纯电容电路也不消耗电能。

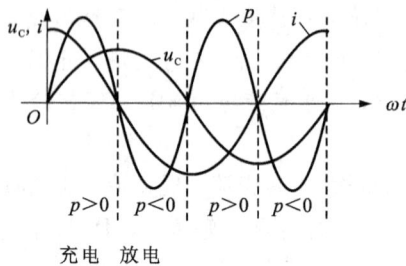

图 4 – 3 – 11　纯电容电路功率曲线

2. 无功功率

与纯电感电路相似,虽然纯电容电路不消耗能量,但是电容元件 C 和电源之间在不停地进行着能量交换。

把单位时间内能量转换的最大值(即瞬时功率的最大值),叫作无功功率,用符号 Q_C 表示

$$Q_C = U_C I \qquad\qquad (4 - 3 - 12)$$

式中:U_C——电容器两端的电压有效值,单位是伏[特],符号为 V;

I——通过电容器的电流有效值,单位是安[培],符号为 A;

Q_C——纯电容电路中的无功功率,单位是乏,符号为 var。

例 4.3.3　有一个 20 μF 的电容器,接在 $u = 220\sqrt{2}\sin\omega t$(V)的工频交流电源上。试求:

(1)电容器的容抗;

(2)电路的电流;

(3)电路的无功功率。

解:(1)电源为工频时 $f = 50$ Hz

$$X_C = \frac{1}{2\pi f C} = \frac{1}{2 \times 3.14 \times 50 \times 20 \times 10^{-6}} = 159(\Omega)$$

(2)电路的电流

$$I = \frac{U}{X_C} = \frac{220}{159} = 1.38(A)$$

（3）无功功率

$$Q_C = U_C I = UI = 220 \times 1.38 = 303.6(\text{Var})$$

4.3.6 基础知识四：RL 串联电路

一个实际的线圈在它的电阻不能忽略不计时，可以等效成电阻和电感的串联电路。荧光灯是最常见的 RL 串联电路。它是把镇流器（电感线圈）和灯管（电阻）串联起来，再接到 220 V 的交流电源上。分析 RL 串联电路应把握的基本原则：

（1）串联电路中电流处处相等，选择正弦电流为参考正弦量。

（2）电感元件两端电压 u_L 相位超前其电流 $i_L \frac{\pi}{2}$。

4.3.6.1 电压间的关系

如图 4-3-12 所示，以电流为参考正弦量，即

$$i = I_m \sin\omega t$$

则电阻两端电压为

$$u_R = U_{Rm}\sin\omega t$$

电感线圈两端的电压为

$$u_L = U_{Lm}\sin(\omega t + \frac{\pi}{2})$$

电路的总电压 u 为

$$u = u_L + u_R$$

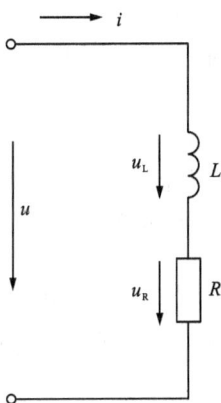

图 4-3-12 RL 串联电路

作出电压的旋转矢量图，如图 4-3-13 所示。U、U_R 和 U_L 构成直角三角形，可以得到电压间的数量关系为

$$U = \sqrt{U_L^2 + U_R^2} \qquad\qquad (4-3-13)$$

以上分析表明：总电压的相位超前电流

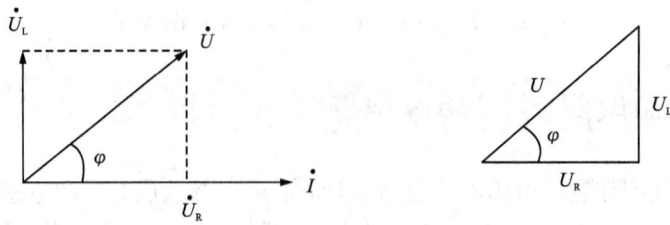

图 4 – 3 – 13　RL 串联电路旋转矢量图和电压三角形

$$\varphi = \arctan \frac{U_{\mathrm{L}}}{U_{\mathrm{R}}} \tag{4 – 3 – 14}$$

从电压三角形中，还可以得到总电压和各部分电压之间的关系

$$U_{\mathrm{R}} = U\cos\varphi$$

$$U_{\mathrm{L}} = U\sin\varphi \tag{4 – 3 – 15}$$

4.3.6.2　阻抗

将 $U_{\mathrm{R}} = IR$，$U_{\mathrm{L}} = X_{\mathrm{L}}I$ 代入 $U = \sqrt{U_{\mathrm{L}}^2 + U_{\mathrm{R}}^2}$ 进行处理，得

$$I = \frac{U}{\sqrt{R^2 + X_{\mathrm{L}}^2}} = \frac{U}{|Z|} \tag{4 – 3 – 16}$$

式中：U——电路总电压的有效值，单位是伏［特］，符号为 V；

　　　I——电路中电流的有效值，单位是安［培］，符号为 A；

　　　$|Z|$——电路的阻抗，单位是欧［姆］，符号为 Ω。其中

$$|Z| = \sqrt{R^2 + X_{\mathrm{L}}^2} \tag{4 – 3 – 17}$$

$|Z|$叫作阻抗，它表示电阻和电感串联电路对交流电呈现阻碍作用。阻抗的大小决定于电路参数（R、L）和电源频率。

如图 4 – 3 – 14 所示，将电压三角形三边同时除以 I，就得到阻抗三角形。阻抗三角形与电压三角形是相似三角形，阻抗三角形中的$|Z|$与 R 的夹角，等于电压三角形中电压与电流的夹角 φ，φ 叫作阻抗角，也就是电压与电流的相位差。

$$\varphi = \arctan \frac{X_{\mathrm{L}}}{R} \tag{4 – 3 – 18}$$

φ 的大小只与电路参数 R、L 和电源频率有关，与电压大小无关。

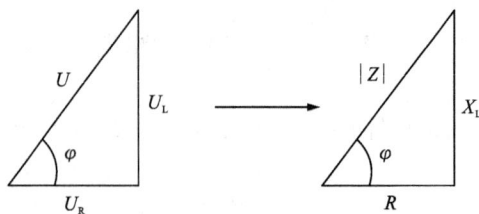

图 4 – 3 – 14　RL 串联电路的阻抗三角形

4.3.6.3　功率

将电压三角形三边(分别代表 U_R、U_L、U)同时乘以 I,就可以得到由有功功率、无功功率和视在功率组成的三角形,如图 4-3-15 所示。

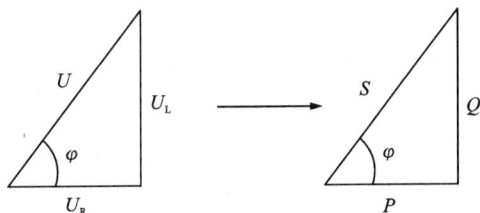

图 4-3-15　RL 串联电路的功率三角形

1. 有功功率

RL 串联电路中只有电阻 R 消耗功率,即有功功率,其公式为

$$P = UI\cos\varphi \tag{4-3-19}$$

上式说明 RL 串联电路中,有功功率的大小不仅取决于电压 U、电流 I 的乘积,还取决于阻抗角的余弦 $\cos\varphi$ 的大小。当电源供给同样大小的电压和电流时,$\cos\varphi$ 大,有功功率大;$\cos\varphi$ 小,有功功率小。

2. 无功功率

电路中的电感不消耗能量,它与电源之间不停地进行能量变换,感性无功功率为

$$Q_L = UI\sin\varphi \tag{4-3-20}$$

3. 视在功率

视在功率表示电源提供总功率(包括 P 和 Q_L)的能力,即交流电源的容量。视在功率用 S 表示,它等于总电压 U 和电流 I 的乘积,即

$$S = UI \tag{4-3-21}$$

视在功率 S,单位为伏安,符号是 V·A。

从功率三角形还可得到有功功率 P、无功功率 Q_L 和视在功率 S 间的关系,即

$$S = \sqrt{P^2 + Q_L^2} \tag{4-3-22}$$

阻抗角 φ 的大小为

$$\varphi = \arctan\frac{Q_L}{P} \tag{4-3-23}$$

4. 功率因数

为了反映电源功率利用率,引入功率因数的概念,即把有功功率和视在功率的比值叫作功率因数,用 $\cos\varphi$ 表示

$$\cos\varphi = \frac{P}{S} \tag{4-3-24}$$

上式表明,当视在功率一定时,在功率因数越大的电路中,用电设备的有功功率越大,电源输出功率的利用率就越高。

例 4.3.4　在 RL 串联电路中,已知 $R = 30\ \Omega$, $L = 127\ \text{mH}$,输入交流电流为 $i = 20\sqrt{2}$

$\sin(314t-30°)\mathrm{A}$。求：（1）电路的总阻抗 Z；

（2）各元件上电压 U_R、U_L 及总电压 U；

（3）有功功率 P、无功功率 Q_L、视在功率 S；

（4）功率因数 $\cos\varphi$。

解：（1）感抗

$$X_L = \omega L = 314 \times 127 \times 10^{-3} = 40(\Omega)$$

总阻抗

$$Z = \sqrt{R^2 + X_{L2}} = \sqrt{30^2 + 40^2} = 50(\Omega)$$

（2）电阻上电压

$$U_R = RI = 30 \times 20 = 600(\mathrm{V})$$

电感上电压

$$U_L = X_L I = 40 \times 20 = 800(\mathrm{V})$$

电路总电压

$$U = ZI = 50 \times 20 = 1000(\mathrm{V})$$

（3）有功功率

$$P = IU_R = 20 \times 600 = 1200(\mathrm{W})$$

无功功率

$$Q_L = IU_L = 20 \times 800 = 1600(\mathrm{var})$$

视在功率

$$S = IU = 20 \times 1000 = 2000(\mathrm{V \cdot A})$$

（4）功率因数

$$\cos\varphi = \frac{P}{S} = \frac{1200}{2000} = 0.6$$

4.3.7 基础知识五：RC 串联电路

电子电工电路中，经常遇到阻容耦合放大器、RC 振荡器、RC 移相电路等。我们分析 RC 串联电路应把握的基本原则：

（1）串联电路中电流处处相等，选择正弦电流为参考正弦量。

（2）电容元件两端电压 u_C 相位滞后其电流 $i_C \frac{\pi}{2}$。

4.3.7.1 电压间的关系

如图 4-3-16 所示，以电流为参考正弦量，令 $i = I_m \sin\omega t$

则电阻两端的电压为

$$u_R = U_{Rm}\sin\omega t$$

电容器两端的电压为

$$u_C = U_{Cm}\sin(\omega t - \frac{\pi}{2})$$

电路的总电压 u 为

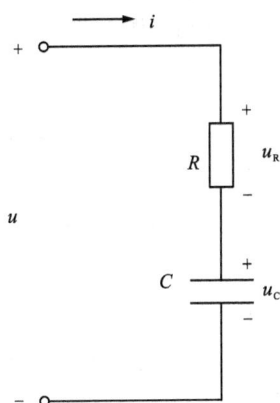

图 4 - 3 - 16　RC 串联电路

$$u = u_C + u_R$$

作出电压的旋转矢量图，如图 4 - 3 - 17 所示。U、U_R 和 U_C 构成直角三角形，可以得到电压间的数量关系为

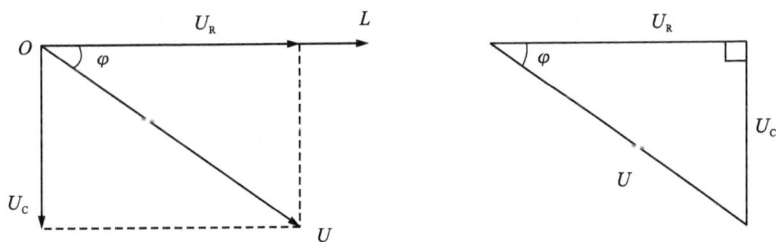

图 4 - 3 - 17　RC 串联电路旋转矢量图和电压三角形

$$U = \sqrt{U_C^2 + U_R^2} \qquad\qquad (4 - 3 - 25)$$

以上分析表明：总电压 u 滞后于电流 i

$$\varphi = \arctan \frac{U_C}{U_R} \qquad\qquad (4 - 3 - 26)$$

4.3.7.2　阻抗

将 $U_R = IR$，$U_C = X_C I$ 代入 $U = \sqrt{U_C^2 + U_R^2}$ 进行处理，得

$$I = \frac{U}{\sqrt{R^2 + X_C^2}} = \frac{U}{|Z|} \qquad\qquad (4 - 3 - 27)$$

式中：U——电路总电压的有效值，单位是伏[特]，符号为 V；

　　　　I——电路中电流的有效值，单位是安[培]，符号为 A；

　　　　$|Z|$——电路的阻抗，单位是欧[姆]，符号为 Ω。

其中

$$|Z| = \sqrt{R^2 + X_C^2} \qquad\qquad (4 - 3 - 28)$$

　　$|Z|$是电阻、电容串联电路的阻抗，它表示电阻和电容串联电路对交流电呈现阻碍作用。阻抗的大小决定于电路参数(R、C)和电源频率。

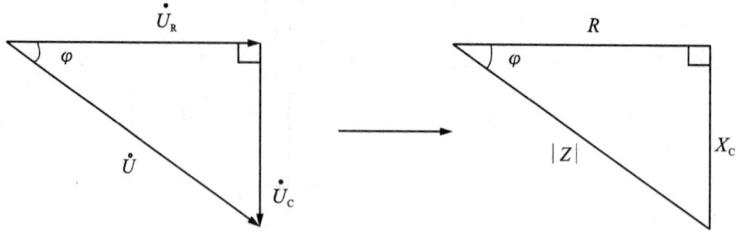

图 4 - 3 - 18　RC 串联电路的阻抗三角形

　　将电压三角形三边同时除以电流 I，就可得到阻抗三角形，如图 4 - 3 - 18 所示。阻抗三角形与电压三角形是相似三角形，阻抗角 φ，也就是电压与电流的相位差的大小为

$$\varphi = \arctan \frac{X_C}{R} \qquad\qquad (4 - 3 - 29)$$

φ 的大小只与电路参数 R、C 和电源频率有关，与电压、电流大小无关。

4.3.7.3　功率

　　将电压三角形三边同时乘以 I，就可以得到功率三角形，如图 4 - 3 - 19 所示。

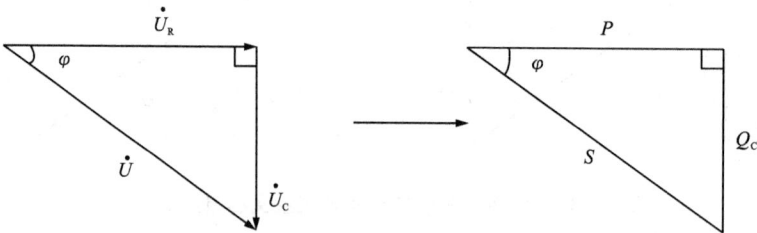

图 4 - 3 - 19　RC 串联电路功率三角形

　　1. 有功功率

　　RC 串联电路中只有电阻 R 消耗功率，即有功功率，其公式为

$$P = UI\cos\varphi \qquad\qquad (4 - 3 - 30)$$

上式说明 RC 串联电路中，有功功率的大小不仅取决于电压 U、电流 I 的乘积，还取决于阻抗角的余弦 $\cos\varphi$ 的大小。当电源供给同样大小的电压和电流时，$\cos\varphi$ 大，有功功率大；$\cos\varphi$ 小，有功功率小。

　　2. 无功功率

　　电路中的电容不消耗能量，它与电源之间不停地进行能量变换，容性无功功率为

$$Q_C = UI\sin\varphi \qquad\qquad (4 - 3 - 31)$$

　　3. 视在功率

　　视在功率表示电源提供总功率(包括 P 和 Q_C)的能力，即交流电源的容量。视在功率用 S 表示，它等于总电压 U 和电流 I 的乘积，即

$$S = UI \qquad (4-3-32)$$

从功率三角形还可得到有功功率 P、无功功率 Q_C 和视在功率 S 间的关系，即

$$S = \sqrt{P^2 + Q_C^2} \qquad (4-3-33)$$

阻抗角 φ 的大小为

$$\varphi = \arctan \frac{Q_C}{P} \qquad (4-3-34)$$

例 4.3.5　在 RC 串联电路中，已知 $R = 10\ \Omega$，$X_C = 10\ \Omega$，接在交流电压为 $u = 14\sqrt{2}\sin(314t)$ V 的电压上。求：

(1)电路的总阻抗 Z；

(2)电路的总电流 I；

(3)各元件上电压 U_R、U_C；

(4)有功功率 P、无功功率 Q_L、视在功率 S。

解：(1)总阻抗

$$Z = \sqrt{R^2 + X_C^2} = \sqrt{10^2 + 10^2} = 14.1(\Omega)$$

(2)总电流

$$I = \frac{U}{Z} = \frac{14}{14} = 1(A)$$

(3)电阻上电压

$$U_R = RI = 10 \times 1 = 10(V)$$

电容上电压

$$U_C = X_C I = 10 \times 1 = 10(V)$$

(4)有功功率

$$P = I U_R = 1 \times 10 = 10(W)$$

无功功率

$$Q_C = I U_C = 1 \times 10 = 10(var)$$

视在功率

$$S = IU = 1 \times 14 = 14(V \cdot A)$$

4.3.8　基础知识六：RLC 串联电路

电阻、电感和电容的串联电路，包含了三种不同的参数，是在实际工作中经常遇到的典型电路。分析 RLC 串联电路应把握的基本原则：

(1)串联电路中电流处处相等，选择正弦电流为参考正弦量。

(2)电容元件两端电压 u_C 相位滞后其电流 $i_C \frac{\pi}{2}$。

(3)电感元件两端电压 u_L 相位超前其电流 $i_L \frac{\pi}{2}$。

与 RL、RC 串联电路的讨论方法相同，设通过 RLC 串联电路的电流为

$$i = I_m \sin\omega t$$

则电阻两端电压为

$$u_R = U_{Rm}\sin\omega t$$

电容器两端的电压为

$$u_C = U_{Cm}\sin(\omega t - \frac{\pi}{2})$$

电感线圈两端的电压为

$$u_L = U_{Lm}\sin(\omega t + \frac{\pi}{2})$$

电路的总电压 u 为

$$u = u_R + u_L + u_C$$

4.3.8.1　电压间的关系

作出与 i、u_R、u_L 和 u_C 相对应的旋转矢量图,如图 4 - 3 - 20 所示。(应用平行四边形法则求解总电压的旋转矢量 $\dot{U}$。)

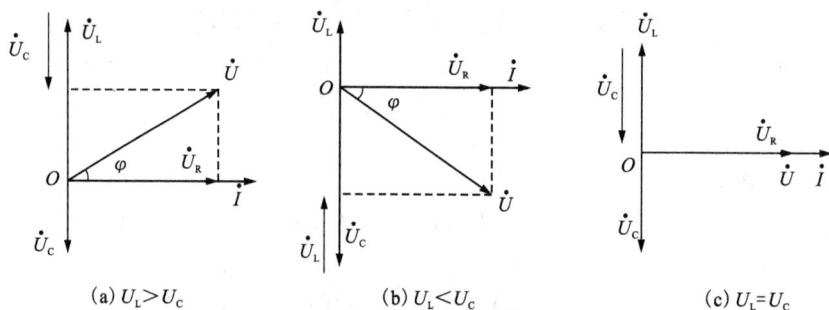

$$(a)\ U_L > U_C \qquad\qquad (b)\ U_L < U_C \qquad\qquad (c)\ U_L = U_C$$

图 4 - 3 - 20　RLC 串联电路旋转矢量图

如图 4 - 3 - 20,可以看出总电压与分电压之间的关系为

$$U = \sqrt{U_R^2 + (U_L - U_C)^2} \tag{4-3-35}$$

总电压与电流间的相位差为

$$\varphi = \arctan\frac{U_L - U_C}{U_R} \tag{4-3-36}$$

4.3.8.2　阻抗

整理 $U = \sqrt{U_R^2 + (U_L - U_C)^2}$,可得

$$I = \frac{U}{\sqrt{R^2 + (X_L - X_C)^2}} = \frac{U}{\sqrt{R^2 + X^2}} = \frac{U}{|Z|} \tag{4-3-37}$$

其中, $X = X_L - X_C$,叫作电抗,它是电感和电容共同作用的结果。电抗的单位是欧[姆]。

RLC 串联电路中,电抗、电阻、感抗和容抗间的关系为

$$|Z| = \sqrt{R^2 + (X_L - X_C)^2} = \sqrt{R^2 + X^2} \tag{4-3-38}$$

显然,阻抗 $|Z|$、电阻 R 和电抗 X 组成一个直角三角形,叫作阻抗三角形,如图 4 - 3 - 21 所示。阻抗角为

$$\varphi = \arctan\frac{X_L - X_C}{R} = \arctan\frac{X}{R} \qquad (4-3-39)$$

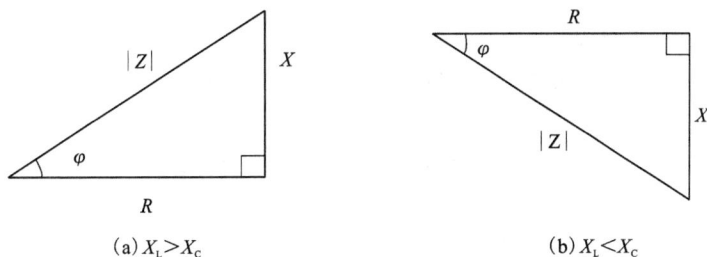

(a) $X_L > X_C$ (b) $X_L < X_C$

图 4 – 3 – 21　RLC 串联电路阻抗三角形

阻抗角的大小决定于电路参数 R、L 和 C，以及电源频率 f，电抗 X 的值决定电路的性质。下面分三种情况讨论：

(1) 当 $X_L > X_C$ 时，$X > 0$，$\varphi = \arctan\dfrac{X}{R} > 0$，即总电压 u 超前电流 i，电路呈感性；

(2) 当 $X_L < X_C$ 时，$X < 0$，$\varphi = \arctan\dfrac{X}{R} < 0$，即总电压 u 滞后电流 i，电路呈容性；

(3) 当 $X_L = X_C$ 时，$X = 0$，$\varphi = \arctan\dfrac{X}{R} = 0$，即总电压 u 与电流 i 同相，电路呈电阻性，电路的这种状态称作谐振。

4.3.8.3　功率

RLC 串联电路中，存在着有功功率 P、无功功率 Q 和视在功率 S，它们分别为

$$\left.\begin{array}{l} P = U_R I = R I^2 = UI\cos\varphi \\ Q = (U_L - U_C)I = (X_L - X_C)I^2 = UI\sin\varphi \\ S = UI \end{array}\right\} \qquad (4-3-40)$$

视在功率 S、有功功率 P 和无功功率 Q 组成直角三角形——功率三角形，如图 4 – 3 – 22 所示。

$$S = \sqrt{P^2 + Q^2}$$

$$\varphi = \arctan\frac{Q}{P} \qquad (4-3-41)$$

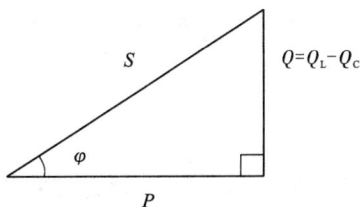

图 4 – 3 – 22　RLC 串联电路功率三角形

例 4.3.6　一个线圈的电阻 $R = 40\ \Omega$，电感 $L = 127\ \text{mH}$ 和一个电容量 $C = 318.4\ \mu\text{F}$ 的电容器相串联，外加电压 $u = 220\sqrt{2}\sin314t\ \text{V}$。试求：

(1)电路中的电流 I；

(2)电压 U_R、U_L、U_C；

(3)有功功率 P、无功功率 Q_L、视在功率 S。

解：(1)线圈的感抗

$$X_L = \omega L = 314 \times 127 \times 10^{-3} \approx 40(\Omega)$$

电容的容抗

$$X_C = \frac{1}{\omega C} = \frac{1}{314 \times 318.4 \times 10^{-6}} = 10(\Omega)$$

电路总阻抗

$$Z = \sqrt{R^2 + (X_L - X_C)^2} = \sqrt{40^2 + (40 - 10)^2} = 50(\Omega)$$

电路总电流

$$I = \frac{U}{Z} = \frac{220}{50} = 4.4(\text{A})$$

(2)电阻上电压

$$U_R = RI = 40 \times 4.4 = 176(\text{V})$$

电感上电压

$$U_L = X_L I = 40 \times 4.4 = 176(\text{V})$$

电容上电压

$$U_C = X_C I = 10 \times 4.4 = 44(\text{V})$$

(3)有功功率

$$P = IU_R = 4.4 \times 176 = 774.4(\text{W})$$

无功功率

$$Q_C = I(U_L - U_C) = 4.4 \times (176 - 44) = 580.8(\text{var})$$

视在功率

$$S = IU = 4.4 \times 220 = 968(\text{V} \cdot \text{A})$$

4.3.9　技能实训：日光灯电路安装与常见故障检修

4.3.9.1　实训目的

(1)理解日光灯电路的组成及各部分的作用。

(2)掌握日光灯电路的原理。

(3)学会安装日光灯电路。

4.3.9.2　实训器材

常见电工工具一套，MF-47 型万用表一个，日光灯一套，螺丝、软丝、胶布若干。

4.3.9.3　识读照明线路图

在日光灯照明电路中，灯管、镇流器和启辉器之间的相互位置，以及启辉器动、静触点接线位置，对荧光灯启动性能、寿命、安全性有很大的影响。

日光灯四种接线方式的比较如图4-3-23所示。

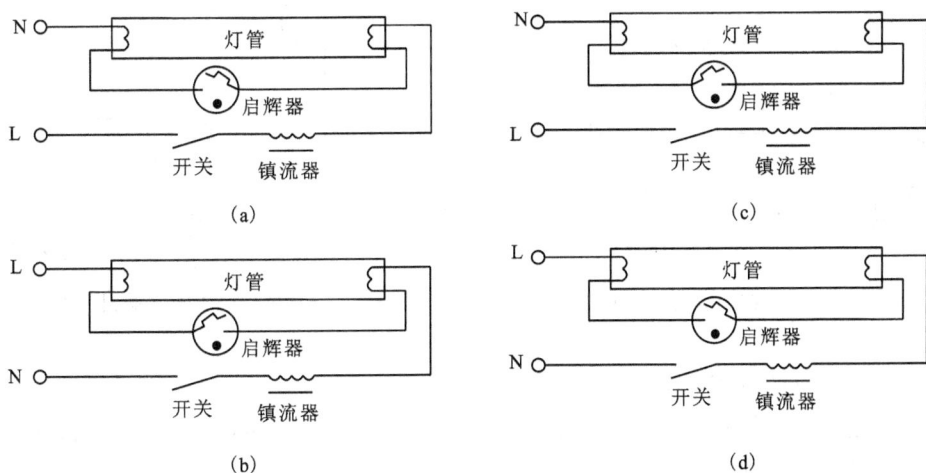

图 4-3-23　荧光灯四种接线方式

(1)图4-3-23(a)是正确的接线方式,开关接在相线上可控制灯管的电压,镇流器也接在相线内,并与启辉器的动触点连接,可以得到较高的脉冲电动势,接上电源后,跳动一次便可点亮。由于开关接在相线上,对安全也有保障。

(2)图4-3-23(b)接线不正确,开关接在零线上,开关断开后,荧光灯仍有电,不安全,另外镇流器接在启辉器的静触点上,启动时灯管要跳动2~4次才能点燃,灯管寿命受到影响。

(3)图4-3-23(c)接线不正确,开关和镇流器虽然接在相线上,但是镇流器与启辉器的静触点相连接,得不到较高的脉冲电动势,也影响灯管的启动性能。

(4)图4-3-23(d)接线不正确,开关接在零线上,断开开关后,灯管仍然带电,不安全。

4.3.9.4　实训内容与步骤

日光灯的镇流器有电感镇流器和电子镇流器两种。目前,许多日光灯的镇流器都采用电子镇流器(如图4-3-24),电感镇流器逐渐被淘汰,电子镇流器具有高效节能、启动电压较宽、启动时间短(0.5 s)、无噪声、无频闪等优点。

图 4-3-24　采用电子镇流器的日光灯

日光灯安装步骤:

(1)根据采用电子镇流器(或电感镇流器)的日光灯电路接线图4-3-26(或图4-3-25)将电源线接入日光灯电路中。

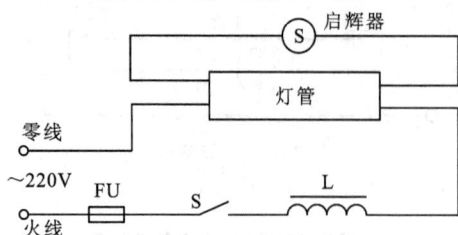

图4-3-25　电感镇流器日光灯电路

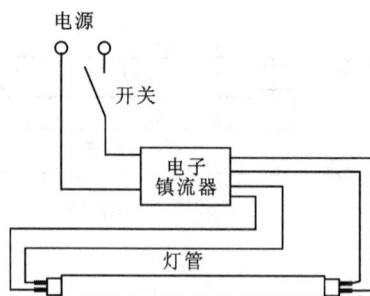

图4-3-26　电子镇流器日光灯电路

（2）将日光灯的灯座固定在相应位置。

（3）安装日光灯灯管。先将灯管引脚插入有弹簧一端的灯脚内并用力推入，然后将另一端对准灯脚，利用弹簧的作用力使其插入灯脚内。

（4）检查电路接线是否正确。

（5）电路无误，通电试验。

4.3.9.5　故障排除

日光灯照明线路在日常使用中不可避免地出现一些故障，根据故障现象判断故障原因并排除故障。

（1）接通电路后，启辉器跳动正常，灯管两端发出像普通白炽灯点亮时的光，而灯丝无闪烁，中间不亮，灯管无法启动。凡遇有此现象表明该灯管已发生漏气。凡漏气严重的灯管，仔细观察两端灯丝部位内壁上有可能出现一丝白烟痕迹。

（2）更换灯管时，如新管一通电两端特亮并伴随响声随之熄灭，一般是电感型镇流器损坏。此时，检测灯管两端灯丝，至少有一端已被烧断，遇此情况应先更换镇流器，然后再装新管。

（3）启辉器损坏，通电后灯管两端发光而灯管始终无法点亮，更换启辉器就可以。

（4）灯管两端发黑，表明灯管寿命将完了，此时发光效率也降低，应及时更换。

（5）启辉器频繁启动，灯管时亮时灭，一般是灯管质量差，应更换质量好的灯管。

（6）灯管闪烁严重或有光柱起伏滚动现象，无法正常照明，可关闭电源重新启动。反复数次故障现象仍无法消除时，表明灯管质量差，管内杂质气体较多，应换新管。

4.3.9.6　实训考核

日光灯电路安装与常见故障检修考核评价如表4-3-1所示。

4.3.9.7　任务小结

（1）日光灯照明具有哪些特点？

（2）画出日光灯照明线路连线图。

表 4 – 3 – 1 日光灯电路安装与常见故障检修考核评价表

评价内容		配分	考核点	备注
职业素养与操作规范（30分）		2	能做好操作前准备	出现明显失误造成贵重元件或仪表、设备损坏等安全事故；严重违反实训纪律，造成恶劣影响的记0分
		3	操作过程中保持良好纪律	
		10	能按老师要求正确操作	
		5	能按正确操作流程进行实施，并及时记录数据	
		5	能保持实训场所整洁	
		5	任务完成后，整齐摆放工具及凳子、整理工作台面等并符合"6S"要求	
作品质量（70分）	工艺	30	①走线平整规范；②日光灯安装水平，无歪斜	
	功能	30	①能正确连接日光灯线路；②能正确安装日光灯；③能排除日光灯照明线路常见故障；④能更换电子镇流器及日光灯管	
	指标	10	①电气连接可靠；②日光灯安装符合要求	

4.3.10 拓展提高：提高功率因数的意义与方法

在 $\varphi \neq 0$ 时，$P = S\cos\varphi$ 表示电源提供的视在功率不能被电阻负载全部消耗。这样就存在电源功率的利用问题，为了反映这种利用率，我们把有功功率和视在功率的比值称为功率因数，即

$$\cos\varphi = \frac{P}{S}$$

上式表明，当电源视在功率一定时，功率因数越高，电路中用电设备的有功功率越大，电源输出功率的利用率也就越高，这是大家所希望的。但工厂中大量的用电设备是感性负载，其功率因数很低，如何提高功率因数就是一个重要的问题了。

1. 提高功率因数的意义

（1）提高供电设备的利用率。

在供电设备的容量（视在功率）S 一定的情况下，因 $P = S\cos\varphi$，显然 $\cos\varphi$ 越高，有功功率 P 越大，设备的容量越得到充分利用。例如，某一供电系统的供电容量 $S = 1000\text{ kVA}$，当 $\cos\varphi = 0.4$ 时，输出的有功功率 $P = 400\text{ kW}$；如果 $\cos\varphi = 0.9$，则输出的有功功率 P 可达 900 kW。可见提高功率因数，可使供电设备得到充分的利用。

（2）减小了供电设备和输出线路的功率损耗。

由 $P = UI\cos\varphi$ 可得 $I = P/U\cos\varphi$，在负载消耗的有功功率 P 和电压 U 一定时，功率因数越高，供电线路电流 I 越小，使供电设备和输电线路的功率损耗减小，也减小了供电设备和线路的发热。

2. 提高功率因数的一般方法

为了提高功率因数而又不改变负载两端的工作电压,通常的方法有下面两种。

(1)提高用电设备本身的功率因数。

提高用电设备本身的功率因数,主要是指合理选用异步电动机和电力变压器的容量,即不要用大容量的电动机带小功率负载。因为它们轻载或空载时,功率因数低,满载时功率因数较高,所以选用变压器和电动机的容量不宜过大,应尽量减少轻载或空载运行。

(2)并联补偿法。

常采用在电感性负载两端并联电容器的方法来提高电路的功率因数。要提高功率因数,就要尽可能增大 $\cos\varphi$ 值,也就是要减小电路的功率因数角 φ。在感性负载上并联电容器,就可以减小整个电路功率因数角 φ,达到提高功率因数的目的。

如图 4-3-27 所示的日光灯电路,是典型的感性负载电路。在并联电容前,电压超前电流 $\varphi_1 = \arctan\dfrac{X_L}{R}$,当感性负载(日光灯电路)并联电容器以后,电容器支路的电流超前电压 $\dfrac{\pi}{2}$,作出它们的相量图,如图 4-3-27(b)所示,使得总电流与电压间的夹角减小,即 $\varphi < \varphi_1$,从而达到了提高功率因数的目的。

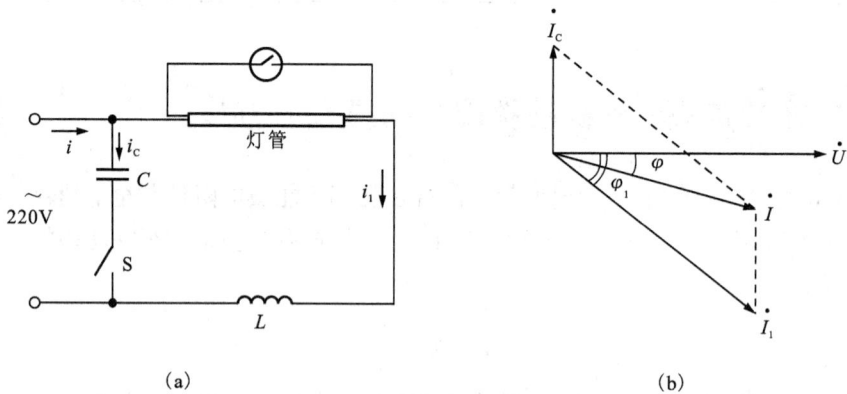

(a)   (b)

图 4-3-27 并联电容器提高日光灯功率因数

应当指出,并联电容器以后电路的有功功率不变,这是因为电容器不消耗电能,负载的工作状态不受任何影响。

在实际电力系统中,并不要求将功率因数提高到 1。因为这样做经济效果并不显著,还要加大设备的投资。根据具体的电路,经过经济技术比较,把功率因数提高到适当的数值即可。

任务 4.4　家用配电板的安装

4.4.1　任务描述

配电板(箱)是连接电源与用电设备的中间装置,除科学分配电能外,还具有对用电设备进行控制、测量、指示及保护等作用。即将室内线路与室外供电线路连接起来;对室内供电进行通断控制;记录室内用电量;当室内线路出现过载或漏电时进行保护控制。本任务介绍家用配电板常用器件和家用配电板的制作。

4.4.2　任务目标

(1)了解单相电能表的结构和参数,掌握单相电能表的接线方法。
(2)掌握熔断器的基本结构和安装方法。
(3)掌握低压断路器的结构、工作原理和安装方法。
(4)会选择器件安装制作家用配电板。

4.4.3　基础知识一:单相电能表

单相电能表是专门为家庭使用而设计的,主要用于记录电流通过用户电路时消耗了多少电能,以合理地支付电费。

4.4.3.1　单相电能表种类

早期的单相电能表主要为机械式,它是利用电磁感应原理制成的,如图 4 - 4 - 1(a)所示。

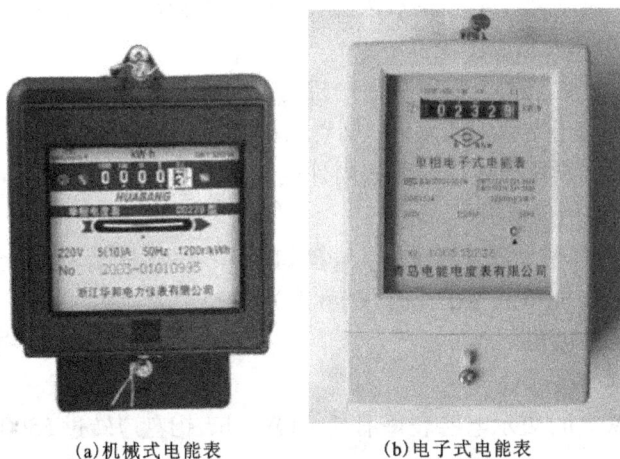

(a)机械式电能表　　　(b)电子式电能表

图 4 - 4 - 1　电能表

随着电子技术的飞速发展,电能表正在向电子化、高精度和高可靠性的方向发展。新型的电子式电能表采用电子乘法器实现功率运算,经过处理器、检测器等电路准确地测量出有功功率、无功功率、视在功率等。电子式电能表如图4-4-1(b)所示。

4.4.3.2　单相电能表结构

以机械式单相电能表为例进行说明,它由驱动元件、转动元件、计数机构、支座和接线盒等六个部件组成。其结构如图4-4-2所示。

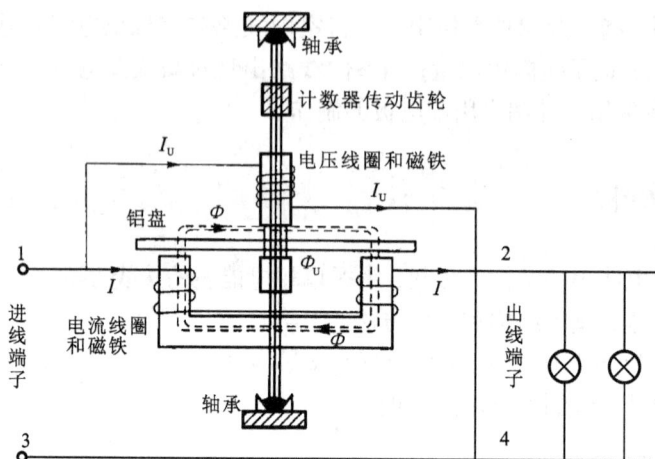

图4-4-2　机械式单相电能表结构

(1)驱动元件。驱动元件有2个电磁元件,即电流元件和电压元件。转盘下面是电流元件,由铁芯及绕在上面的电流线圈所组成。电流线圈匝数少、线径粗,与用电设备串联。转盘上面部分是电压元件,由铁芯及绕在上面的电压线圈所组成。电压线圈匝数多、线径细,与照明线路的用电器并联。

(2)转动元件。转动元件由铝制转盘及转轴组成。

(3)制动元件。制动元件是一块永久磁铁,在转盘转动时产生制动力矩,使转盘转动的转速与用电器的功率大小成正比。

(4)计数机构。计数机构由涡轮杆齿轮机构组成。

(5)支座。支座用于支承驱动元件、制动元件和计数机构等部件。

(6)接线盒。接线盒用于连接电能表内外线路。

4.4.3.3　单相电能表参数

以机械式单相电能表为例进行说明,表盘如图4-4-3所示,盘面上的参数有:

(1)kW·h表示电能单位为千瓦时(俗称度);

(2)220 V为额定电压;

(3)5A为额定电流;

(4)2500 r/(kW·h)表示电能表每消耗1 kW·h,铝盘应转过2500转。

图 4 - 4 - 3 机械式单相电能表表盘

4.4.3.4 单相电能表接线方法

单相电能表接线盒内设有 4 个接线柱，分别与室内、外配电线路相连。在接线盒盖上，一般都有接线图。接线前，一定要看懂接线图，按图接线，如图 4 - 4 - 4 所示，室外输入电源的火线和零线连接至单相电能表的 1 号和 3 号接线端，2 号和 4 号作为火线和零线的输出端，连接室内配电线路。

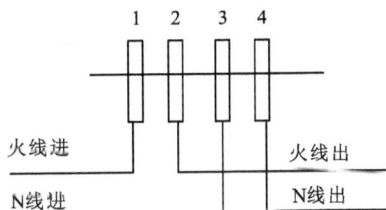

图 4 - 4 - 4 单相电能表接线方法

4.4.3.5 单相电能表选用方法

根据负载的额定电压和负载的最大电流来选择电能表。电能表的额定电压与负载的额定电压一致，而电能表的额定电流应不小于负载的最大电流。容量选择大了，电能表不能正常转动，会因本身存在误差影响结果的正确性；容量选择小了，会有烧坏电能表的可能。不同规格电能表可配装用电器的最大功率如表 4 - 4 - 1 所示。

表 4 - 4 - 1 不同规格电能表可配装用电器的最大功率

电能表的规格/A	3	5	10	20	25	30
可配装用电器的最大功率/W	660	1100	2200	4400	5500	6600

4.4.4 基础知识二：熔断器

熔断器是最简便的而且很有效的短路保护电器。它具有结构简单，体积小，重量轻，使用维护方便，价格低廉等优点，从而获得很广泛的应用。

熔断器主要由熔体和外壳几部分组成，熔断器接入电路中时，熔体必须串接在电路中,负载电流经过熔体。由于电流的热效应使温度上升,当电路发生过载或短路时,电流大于熔体允许的正常发热电流,使熔体的温度急剧上升,熔体因过热而迅速熔断,将电路切断,有效地保护了电路和设备。

常用的熔断器分插入式熔断器、螺旋式熔断器和快速熔断器等。插入式熔断器外形结构如图4-4-5所示,图中1是动触头,2是熔体,3是瓷盖,4是静触头,5是瓷座;螺旋式熔断器如图4-4-6所示,图中1是瓷帽,2是熔管,3是瓷套,4是上接线端(接输出负载端),5是下接线端(接输入电源端),6是底座;熔断器的图表与文字符号如图4-4-7所示。

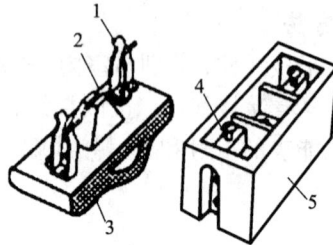

图4-4-5 插入式熔断器

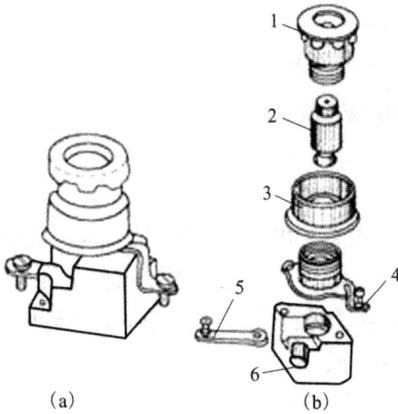

图4-4-6 螺旋式熔断器

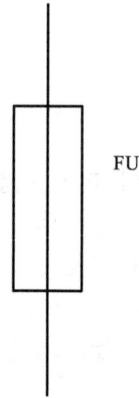

图4-4-7 熔断器图形及文字符号

熔体的选择应视熔体后面所接用电器电流总量的大小而确定。电流越大,所用熔体规格越大,常用铅锡合金熔体规格见表4-4-2。

表 4 - 4 - 2　常用铅锡合金熔体规格

直径/mm	额定电流/A	熔体电流/A	直径/mm	额定电流/A	熔体电流/A
0.28	1.00	2.00	0.81	3.75	7.50
0.32	1.10	2.20	0.98	5.00	10.00
0.35	1.25	2.50	1.02	6.00	12.00
0.36	1.35	2.70	1.25	7.50	15.00
0.40	1.50	3.00	1.51	10.00	20.00
0.46	1.85	3.70	1.67	11.00	22.00
0.52	2.00	4.00	1.75	12.50	25.00
0.54	2.25	4.50	1.98	15.00	30.00
0.60	2.50	5.00	2.40	20.00	40.00
0.71	3.00	6.00	2.78	25.00	50.00

4.4.5　基础知识三：低压断路器

　　低压断路器又名自动空气开关或自动空气断路器，是能自动切断故障电流并兼有控制和保护功能的低压电器。它主要用在交直流低压电网中，既可手动又可电动分合电路，且可对电路或用电设备实现过载、短路和欠电压等保护，也可用于不频繁启动电动机。

　　断路器的优点是：操作安全，安装简便，工作可靠，分断能力较强，具有多种保护功能，动作值可调，动作后不需要更换元件，因此应用十分广泛。

4.4.5.1　断路器的分类

　　（1）按极数可分为单极、二极、三极和四极，其外形见表 4 - 4 - 3。

表 4 - 4 - 3　断路器按极数分类

按极数分类	单极	二极	三极	四极
外形图				

（2）按控制容量可分为小型断路器、塑料外壳式断路器、万能式断路器，其外形及主要功能见表4-4-4。

表4-4-4　断路器按控制容量分类

类型	外形图	主要保护功能	适用场合
小型断路器		过载保护 短路保护	适用于交流50 Hz，额定电压400 V及以下，额定电流100 A及以下的场所。主要用于办公楼、住宅和类似的建筑物的照明、配电线路及设备的保护，也可作为线路不频繁转换之用
塑料外壳式断路器		过载保护 短路保护 欠电压保护	适用于交流50 Hz，额定电压400 V及以下，额定电流800 A及以下的电路中做不频繁转换及电动机不频繁启动之用。按其分断能力分为四种类型：C型（经济型）、L型（标准型）、M型（较高分断型）、H型（高分断型）
万能式断路器		过载保护 短路保护 接地故障保护 报警及指示功能 故障记忆功能	适用于控制和保护低压配电网络，一般安装在低压配电柜中作主开关起总保护作用。按其控制方式分为三种类型：L型（电子型）、M型（标准型）、H型（通信型）

4.4.5.2　小型断路器的结构及工作原理

小型断路器由动触头、静触头、灭弧室和操作机构、热脱扣器、电磁脱扣器、手动脱扣操作机构及外壳等部分组成。有的小型断路器还加装欠电压脱扣器等附件，如DZ47系列塑料外壳式断路器。

DZ47 系列塑料外壳式断路器其结构采用立体布置，操作机构在中间，通过储能弹簧连同杠杆机构实现开关的接通或断开，热脱扣器由热元件和双金属片构成，起过载保护作用；电流调节盘用以调节整定电流的大小；电磁脱扣器由电流线圈和铁芯组成，起短路保护作用；电流调节装置用以调节瞬时脱扣器整定电流的大小；主触头系统在操作机构下面，由动触头和静触头组成，用以接通或断开主电路大电流并采用栅片灭弧；另外还有动合、动断辅助触头各一对，主、辅触头接线柱伸出壳外便于接线，其外形及符号如图 4-4-8 所示。

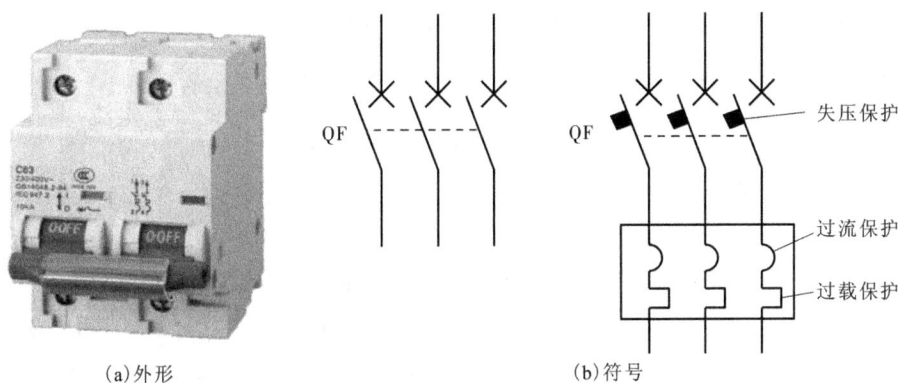

(a)外形　　　　　(b)符号

图 4-4-8　小型断路器

断路器的工作原理图如图 4-4-9 所示。

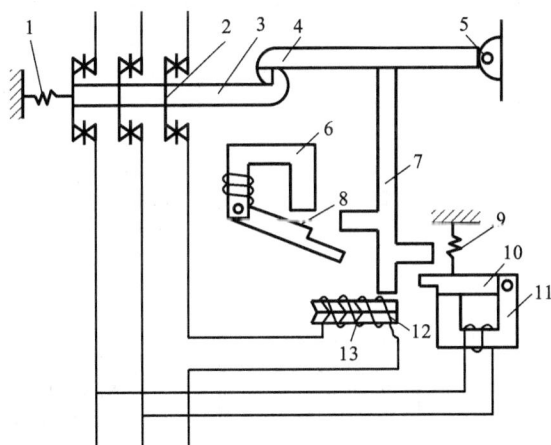

图 4-4-9　断路器工作原理

1—弹簧；2—主触头；3—锁键；4—搭钩；5—轴；6—电磁脱扣器；7—杠杆；
8、10—衔铁；9—弹簧；11—欠电压脱扣器；12—双金属片；13—热元件

在图 4-4-9 中 2 为断路器的三对主触头，串联在被保护的三相主电路中。当按下绿色按钮时，主电路中三对主触头 2 由锁键 3 钩住搭钩 4，克服弹簧 1 的拉力，使触头保持在闭合状态，搭钩 4 可以绕轴 5 转动。

当线路正常工作时，电磁脱扣器 6 的线圈所产生的吸力不能将衔铁 8 吸合。如果线路发生短路或产生很大过电流时，电磁脱扣器的吸力增大，将衔铁 8 吸合，并撞击杠杆 7，把搭钩 4 顶上去，切断主触头 2。如果线路上电压降低或失去电压时，欠电压脱扣器 11 的吸力减小或失去吸力，则衔铁 10 被弹簧 9 拉开，撞击杠杆 7，把搭钩 4 顶开，切断触头 2。

线路发生过载时，过载电流流过热元件 13 使双金属片 12 受热弯曲，将杠杆 7 顶开，切断主触头 2。

4.4.5.3　断路器的一般选用原则

（1）断路器的额定工作电压应大于或等于线路的额定电压。

（2）断路器的额定电流应大于或等于线路设计负载电流。

（3）热脱扣器的整定电流应等于所控制负载的额定电流。

（4）电磁脱扣器的瞬时整定电流应大于负载电路正常工作时的峰值电流。

（5）断路器欠电压脱扣器的额定电压等于线路额定电压。

DZ5 - 20 型系列低压断路器基本技术参数见表 4 - 4 - 5。

表 4 - 4 - 5　DZ5 - 20 型系列低压断路器基本技术参数

型号	额定电压/V	额定电流/A	极数	脱扣器类别	热脱扣器额定电流（括号内为整定电流调节范围）/A	电磁脱扣器瞬时动作整定电流/A
D25 - 20/200	AC380	20	2	无脱扣器	—	—
D25 - 20/300			3			
D25 - 20/210			2	热脱扣器	0.15(0.10 ~ 0.15) 0.20(0.15 ~ 0.20)	为热脱扣器额定电流的 8 ~ 12 倍(出厂时整定于 10 倍)
D25 - 20/310			3			
D25 - 20/220	DC220	20	2	电磁脱扣器	0.30(0.20 ~ 0.30) 0.45(0.30 ~ 0.45) 0.65(0.45 ~ 0.65) 1(0.65 ~ 1) 1.5(1 ~ 1.5) 2(1.5 ~ 2)	为热脱扣器额定电流的 8 ~ 12 倍(出厂时整定于 10 倍)
D25 - 20/320			3			
D25 - 20/230			2	复式脱扣器	3(2 ~ 3) 4.5(3 ~ 4.5) 6.5(4.5 ~ 6.5) 10(6.5 ~ 10) 15(10 ~ 15) 20(15 ~ 20)	
D25 - 20/330			3			

4.4.6 技能实训：家用配电板的安装

4.4.6.1 实训目的
(1)掌握家用配电板上各器件的结构及功能。
(2)能够正确安装家用配电板，并注意器件的布局。

4.4.6.2 实训器材
双极低压断路器1个，单相电能表1个，接线排1个，单极低压断路器若干，导线若干；器材外形图如图4-4-10所示。

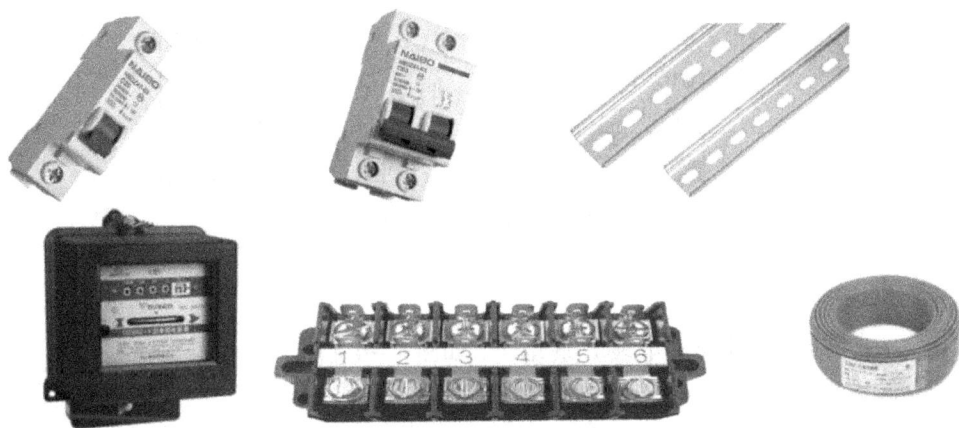

图4-4-10 实训所需的器材

4.4.6.3 实训内容与步骤
(1)根据图4-4-11所示，识读配电板安装线路图。

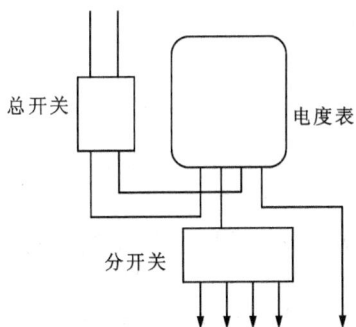

图4-4-11 配电板安装线路图

（2）设计布局图（图 4 - 4 - 12），根据布局图安装器件。

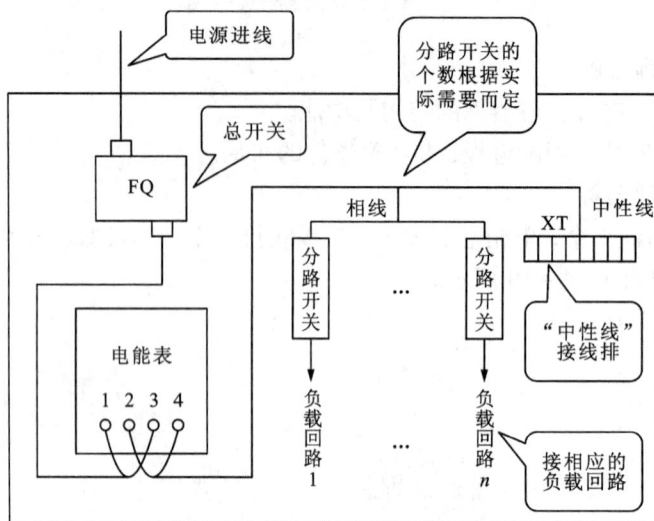

图 4 - 4 - 12 布局图

（3）进行连线：

①空开下端两孔分别接至电表 1、3 端子，如图 4 - 4 - 13 所示。

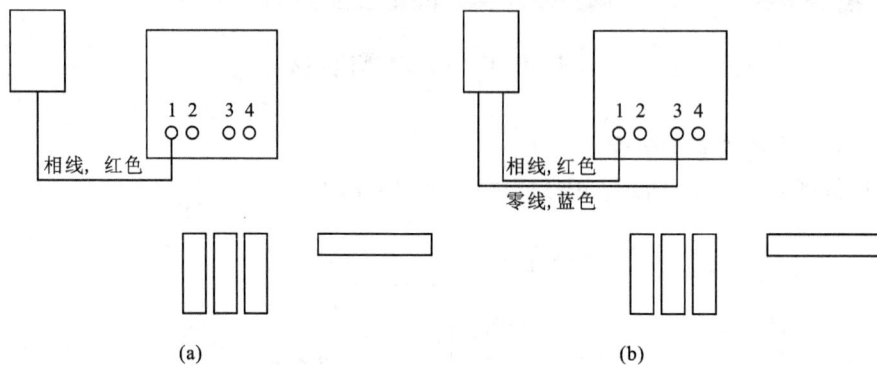

图 4 - 4 - 13 步骤一

②电表 2 端子接至单极空开上端，并把所有的单极空开上端接在一起，如图 4 - 4 - 14 所示。

③电表 4 端子接至接线排上端，而后采取单极空开上端子的接法，如图 4 - 4 - 15 所示。最后完成的配电板实物图如图 4 - 4 - 16 所示。

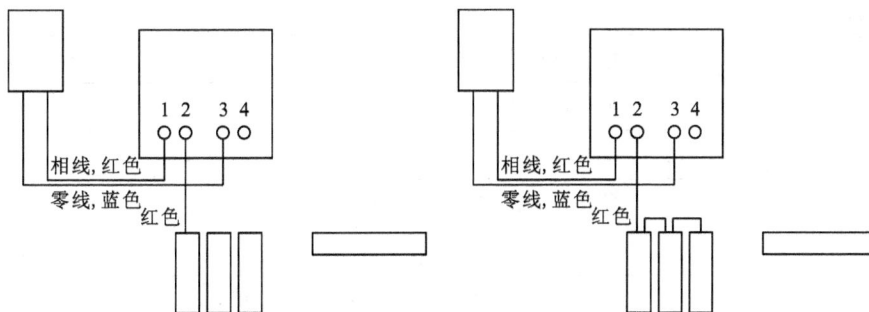

图 4 - 4 - 14 步骤二

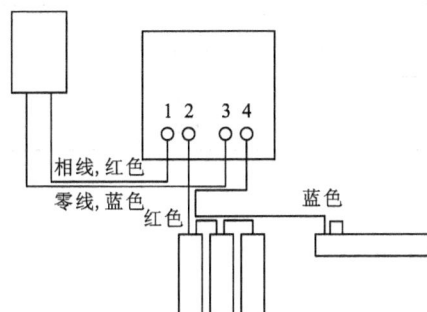

图 4 - 4 - 15 步骤三

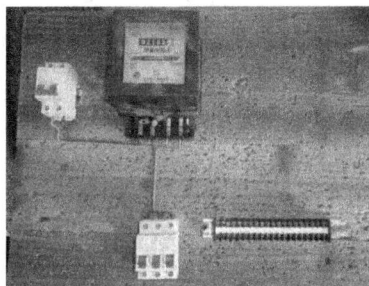

图 4 - 4 - 16 完成后的配电板实物图

4.4.6.4 实训考核

家用配电板的安装考核评价如表 4 - 4 - 6 所示。

表4－4－6　家用配电板的安装考核评价表

评价内容		配分	考核点	备注
职业素养与操作规范（30分）		2	能做好操作前准备	出现明显失误造成贵重元件或仪表、设备损坏等安全事故；严重违反实训纪律，造成恶劣影响的记0分
		3	操作过程中保持良好纪律	
		10	能按老师要求正确操作	
		5	能按正确操作流程进行实施，并及时记录数据	
		5	能保持实训场所整洁	
		5	任务完成后，整齐摆放工具及凳子、整理工作台面等并符合"6S"要求	
作品质量（70分）	工艺	10	配电板上器件布局合理；走线平整规范	
	功能	30	能根据需要实现电路功能	
	性能	30	各器件电气连接可靠；配电板布局合理，功能正常	

4.4.6.5　实训小结

（1）家用配电板一般都有什么作用？

（2）画出电能表的接线图。

4.4.7　拓展提高：漏电断路器和三相电能表

4.4.7.1　漏电断路器

漏电断路器除具有断路器的控制作用外，还可对漏电进行有效保护，主要用于当发生人身触电或漏电时，能迅速切断电源，保障人身安全，防止触电事故。

1. 漏电断路器的分类

（1）按极数可分为单极、二极、三极和四极，其外形见表4－4－7。

表4－4－7　漏电断路器按极数分类

按极数分类	单极	二极	三极	四极
外形图				

（2）按控制容量可分为小型漏电断路器、塑料外壳式漏电断路器，其外形及主要功能见表 4 – 4 – 8。

表 4 – 4 – 8　漏电断路器按控制容量分类

类型	外形图	主要保护功能	适用场合
小型漏电断路器		过载保护 短路保护 人身间接接触保护	适用于交流 50 Hz，单极电压 230 V 及以下，二、三、四极电压 400 V 及以下的线路中，当电路泄漏电流超过规定值时，漏电断路器能在 0.1 s 内自动切断电源，用来对人体间接接触保护和防止设备因泄漏电流造成的事故
塑料外壳式漏电断路器	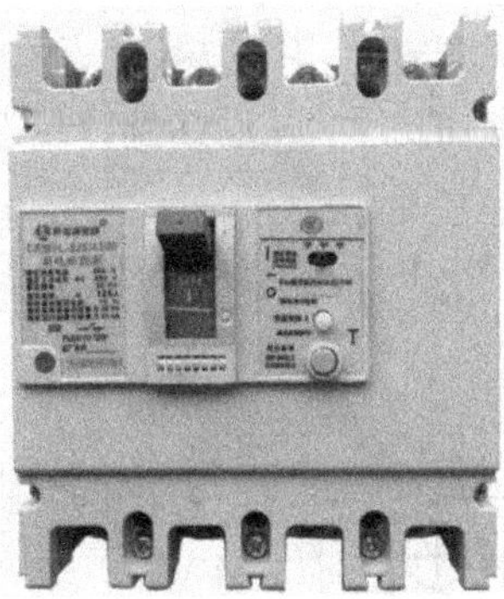	过载保护 短路保护 欠电压保护 人身间接接触保护 接地故障保护	适用于交流 50 Hz，额定电压 400 V 及以下，额定电流 630 A 及以下的电路中做不频繁转换之用。按其分断能力分为两种类型：M 型（较高分断型）、H 型（高分断型）

2. 漏电保护器的结构及工作原理

电磁式电流型漏电保护器由主开关、测试电路、电磁式漏电脱扣器和零序电流互感器组成，其工作原理如图 4 – 4 – 17 所示。

当正常工作时，不论三相负载是否平衡，通过零序电流互感器的主电路三相电流相量之和等于零，故其二次绕组中无感应电动势产生，漏电保护器工作于闭合状态。如果发生漏电或触电事故，三相电流之和不再等于零，而等于某一电流值 I_S。I_S 会通过人体、大地、变压器中性点形成回路，这样零序电流互感器二次侧产生与 I_S 对应的感应电动势，加到脱扣器上，当达到一定值时，脱扣器动作，推动主开关的锁扣，分断主电路。

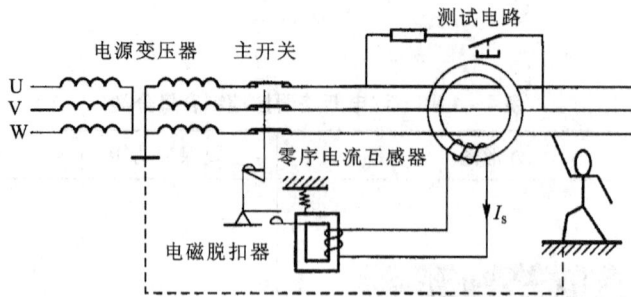

图4-4-17　电磁式电流型漏电保护器工作原理

4.4.7.2　三相电能表

　　三相有功电能表用来测量三相交流电路中电源输出(或负载消耗)的电能。由于测量电路接线方式不同,三相有功电能表又分三相三线制和三相四线制两种。三相四线有功电能表(DT型),可对三相四线对称或不对称负载作有功电量的计量;而三相三线有功电能(DS型),仅可对三相三线对称或不对称负载作有功电量的计量。

　　三相三线有功电能表的工作原理与单相有功电能表的工作原理基本上相同,三相有功电能表由电流、电压元件产生一移动磁场,同时与制动力矩相互作用,使铝盘在磁场中获得的转速正比于负载的有功功率,从而达到计量电能的目的。

　　三相四线有功电能表由三组电流、电压元件产生一移动磁场,作用在铝盘上产生转矩,使铝盘在磁场中获得的转速正比于负载的有功功率,从而达到计量电能的目的。

　　1.三相三线有功电能表接线方式

　　三相三线有功电能表直入式接线方式如图4-4-18所示,三相三线有功电能表互感器接线方式如图4-4-19所示。

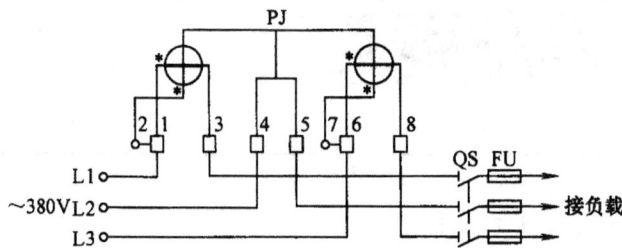

图4-4-18　三相三线有功电能表直入式接线电路

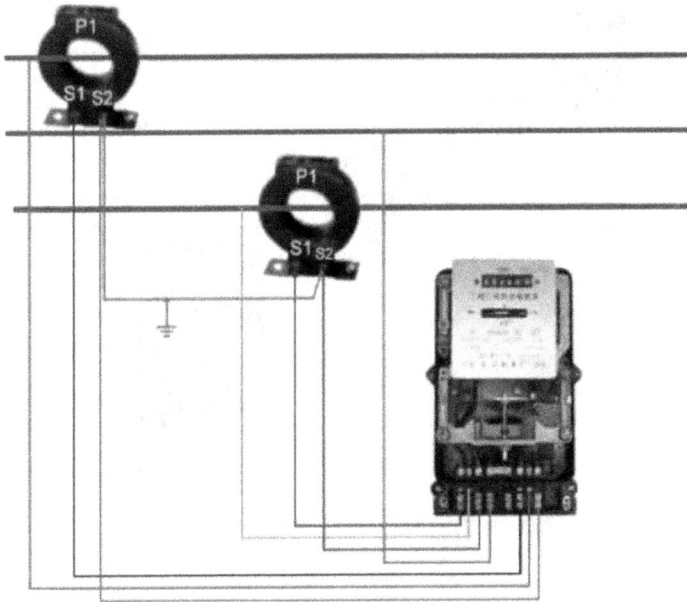

图 4 - 4 - 19　三相三线有功电能表互感器接线电路

2. 二相四线有功电能表接线方式

　　三相四线有功电能表直入式接线方式如图 4 - 4 - 20 所示，三相四线有功电能表互感器接线方式如图 4 - 4 - 21 所示。

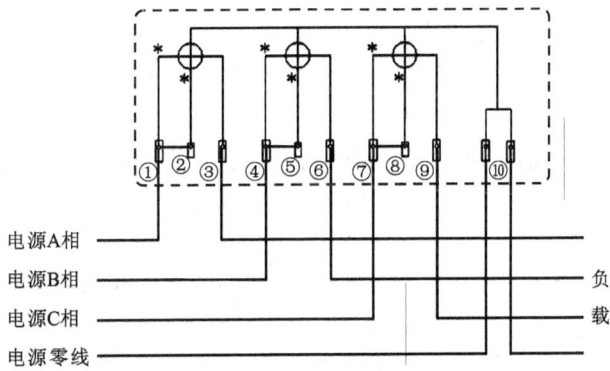

图 4 - 4 - 20　三相四线有功电能表直入式接线电路

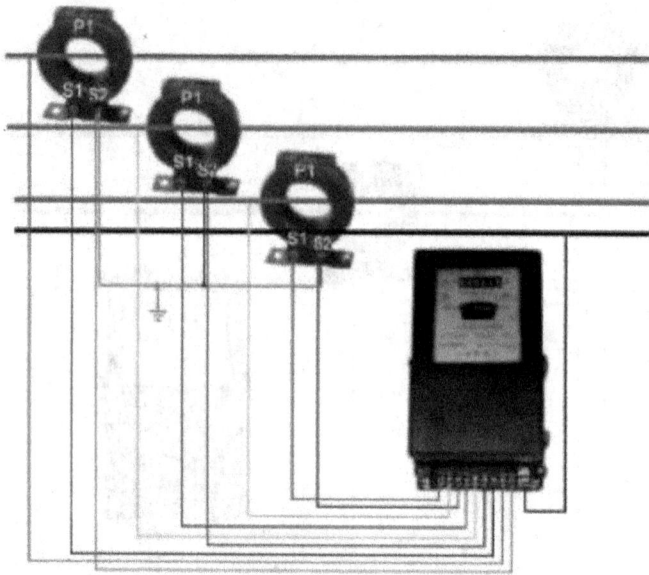

图 4 – 4 – 21　三相四线有功电能表互感器接线电路

任务 4.5　同步练习

4.5.1　填空题

1. 闭合回路中的一部分导体相对于磁场做_____ 运动时，回路中有电流流过。

2. 闭合回路中的_____ 发生变化时，回路中有电流流过。

3. 由电磁感应产生的电动势叫作_____ ，由感应电动势在闭合回路中的导体中引起的电流叫作_____。

4. 感应电流产生的磁通总是_____ 原磁通的变化。当线圈中的磁通增加时，感应电流的磁通方向与原磁通方向_____；当线圈中的磁通减少时，感应电流的磁通方向与原磁通方向_____。

5. 一个 500 匝的线圈，在 0.01 s 时间内，线圈的磁通由 0 增加到 6×10^{-4} Wb，则线圈的感应电动势为_____。

6. 变压器主要由_____ 和_____ 两个基本部分组成。

7. 变压器是利用_____ 原理制成的静止电气设备。因此，变压器的铁芯通常是采用_____ 制成的。

8. 若变压器的变压比 $K = 20$，当原边绕组的电流为 1 A 时，则副边流过负载的电流为_____ A。

9. 某理想变压器原线圈接到 220 V 电源上，副线圈匝数为 165 匝，输出电压为 5.5 V，电流为 20 mA，则原线圈的匝数等于_____，原线圈中的电流等于_____。

10. 某收音机输出阻抗为 200 Ω。现有一阻抗为 8 Ω 的扬声器，若要使扬声器获得最大输出功率，则在扬声器和收音机的输出端之间，应接一个变比为_____ 的变压器；若变压器的原线圈匝数为 100 匝,则变压器的副绕组匝数为_____。

11. 把交流电的_____称为交流电的瞬时值,把_____称为交流电的最大值,最大值又称为_____和_____。

12. 交流电_____叫周期,用字母_____表示,单位_____,交流电的_____叫频率,用字母_____表示,单位_____,频率与周期的关系是_____。

13. 两个正弦量同相,说明两个正弦量相位差为_____,两个正弦量反相则相位差为_____,交叉说明两个正弦量的相位差_____。

14. 正弦交流电的三要素是_____、_____和_____。

15. 已知一正弦交流电流 $i = 314\sin(100\pi t - 45°)$ A,则其有效值为_____,频率为_____,初相位为_____。

16. 已知正弦交流电动势最大值 311 V,周期为 0.02 s,初相位是 $-90°$,则其解析式为_____。

17. 交流电流的有效值是 10 A,则它的最大值为_____,用电流表测量,电流表的读数为_____。

18. 已知某正弦交流电流在 $t = 0$ 时,瞬时值为 1 A,电流初相位为 30°,则这个电流的有效值为_____。

19. 已知交流电压 $u_1 = 20\sqrt{2}\sin(100\pi t - \dfrac{\pi}{2})$ V, $u_2 = 10\sin(100\pi t + \dfrac{\pi}{2})$ V,则它们之间的相位关系是_____。

20. 白炽灯的灯丝一般由_____制成,灯座按固定形式可以分为_____和_____两种。

21. 单相三眼插座的接线原则是左侧接_____,右侧接_____,中间接_____。

22. 安装电路过程中,要求将开关接在_____线侧。

23. 机械式单相电能表,是利用_____原理制成的。

24. 熔断器在电路中起_____保护,使用时应将它_____联在电路中,它的文字符号用_____表示。

25. 低压断路器在电路中起_____保护、_____保护和_____保护等。

26. 已知电容器的容量为 40 μF,当频率为 50 Hz 时,容抗为_____;当频率变 500 Hz 时,容抗变为_____。

27. 已知电感器的电感量为 4 mH,当频率为 50 Hz 时,感抗为_____;当频率 500 Hz 时,感抗变为_____。

28. 在纯电感交流电路中,电感两端的电压_____电流 $\dfrac{\pi}{2}$;在纯电容交流电路中,电容两端的电压_____电流 $\dfrac{\pi}{2}$。

29. 当 $R = 4$ Ω 的电阻通入交流电,已知交流电流的表达式为 $i = 8\sin(314t - 60°)$ A,则电阻消耗的功率是_____。

30. 在某交流电路中,电源电压 $u = 220\sqrt{2}\sin(\omega t + 120°)$ V,电路中的电流 $i = 10\sqrt{2}\sin$

$(\omega t + 60°)$ A，则电压和电流之间的相位差为_____，电路的功率因数 $\cos\varphi$ = _____，电路中的有功功率 P = _____，电路中的无功功率 Q = _____，电源输出的视在功率 S = _____。

4.5.2　选择题

1. 理想变压器原、副线圈中的电流为 I_1、I_2，电压为 U_1、U_2，功率为 P_1、P_2，关于它们之间的关系，正确的说法是(　　)。

A. I_2 由 I_1 决定　　　　B. U_2 与负载有关　　　　C. P_1 由 P_2 决定　　　　D. U_1 与负载有关

2. 利用一理想变压器给一个电灯供电，在其他条件不变时，若增加副线圈匝数，则(　　)。

A. 灯亮度减小　　　　　　　　　　　B. 原边电流增大

C. 副边电压增加　　　　　　　　　　D. 变压器输入功率不变

3. 某变压器的变比为 5，若在变压器原线圈中接入 10 V 的直流电，则副线圈的输出电压为(　　)

A. 2 V　　　　　　　B. 50 V　　　　　　　C. 10 V　　　　　　　D. 0 V

4. 通常所说的交流电压 220 V 或 380 V，是指它的(　　)

A. 瞬时值　　　　　B. 有效值　　　　　C. 最大值　　　　　D. 平均值

5. 在纯电阻电路中，计算电流的公式是(　　)

A. $i = \dfrac{U}{R}$　　　　　B. $i = \dfrac{U_m}{R}$　　　　　C. $I = \dfrac{U_m}{R}$　　　　　D. $I = \dfrac{U}{R}$

6. RL 串联电路，已知 $U_R = U_L = 10$ V，则总电压 U = (　　)

A. 10 V　　　　　　B. 20 V　　　　　　C. 14.1 V　　　　　　D. 0 V

7. LC 串联电路，已知 $U_L = U_C = 10$ V，则总电压 U = (　　)

A. 10 V　　　　　　B. 20V　　　　　　C. 14.1 V　　　　　　D. 0 V

8. RC 串联电路，已知 $U_R = U_C = 10$ V，则总电压 U = (　　)

A. 10 V　　　　　　B. 20 V　　　　　　C. 14.1 V　　　　　　D. 0 V

9. RLC 串联电路，已知 $U_R = U_L = U_C = 10$ V，则总电压 U = (　　)

A. 10 V　　　　　　B. 20 V　　　　　　C. 14.1 V　　　　　　D. 0 V

10. 在 RLC 串联中，已知 $R = 20$ Ω，$X_L = 80$Ω，$X_C = 120$ Ω，则该电路呈(　　)

A. 电容性　　　　　B. 电感性　　　　　C. 电阻性　　　　　D. 中性

11. 在 RLC 串联的正弦电路中，已知 $R = 100$ Ω，$X_L = X_C = 50$ Ω，电源电压为 220 V，则电容两端的电压为(　　)

A. 0　　　　　　　B. 110 V　　　　　　C. 220 V　　　　　　D. 440 V

12. 在感性负载电路中，提高功率因数最有效、最合理的方法是(　　)

A. 串联电阻性负载　　　　　　　　　B. 并联适当的电容器

C. 并联适当的电感　　　　　　　　　D. 串联适当的电容器

13. 在 RLC 串联电路中，端电压与电流的相量图如图 4 – 5 – 1 所示，这个电路是(　　)

A. 电阻性电路　　　　　　　　　　　B. 电容性电路

C. 电感性电路　　　　　　　　　　　D. 纯电感电路

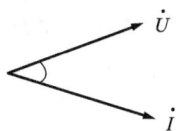

图 4 - 5 - 1

4.5.3 综合题

1. 有一单相电源变压器,原绕组电压为 216 V,副绕组电压为 18 V,原绕组为 2400 匝,当负载阻抗为 10 Ω 时,试求:(1)变压器的变比;(2)副绕组匝数;(3)原、副绕组中的电流。

2. 变压器副绕组电压 $U_2 = 20$ V,在接有电阻性负载时,测得副绕组电流 $I_2 = 5.5$ A,已知变压器的输入功率为 132 W,试求变压器的效率及损耗的功率。

3. 已知通过电路的电流 $i = 10\sqrt{2}\sin(314t + 30°)$ A,试求:

(1)纯电阻电路中 $R = 5$ Ω,u_R,P;

(2)纯电感电路中 $L = 15.9$ mH,u_L,Q_L;

(3)纯电容电路中 $C = 637$ μF,u_C,Q_C。

4. 有一 RL 串联电路,$R = 6$ Ω,$L = 25.4$ mH,外加电压 $U = 20$ V,电源频率 $f = 50$ Hz。试求:(1)电流 I;(2)有功功率、无功功率与视在功率;(3)功率因数;(4)画出功率三角形。

5. 接上 36 V 直流电源时,测得通过线圈的电流为 60 mA;当接上 220 V、50 Hz 交流电源时,测得流过线圈的电流是 0.22 A,求该线圈的电阻 R 和电感 L。

6. 在 RL 串联电路中,已知 $R = 3$ Ω,$L = 12.7$ mH,总电压 $u = 220\sqrt{2}\sin314t$ V,试求:(1)电路中电流的表达式 i;(2)电阻 R 及电感 L 两端的电压。

7. 将阻值为 80 Ω 的电阻和 53 μF 的电容串联,接到"220V 50Hz"的交流电源上,组成 RC 串联电路。求:(1)电路的阻抗;(2)通过电路的电流有效值;(3)电路的有功功率、无功功率与视在功率;(4)电路的功率因数。

8. 图 4 - 5 - 2 所示为移相电路,已知电容为 10 μF,输入电压 $u = 100\sqrt{2}\sin1000t$ V,欲使输出电压的相位比输入电压的相位滞后 60°,则电阻应为多大? 此时的输出电压是多大?

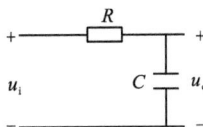

图 4 - 5 - 2

9. 在 RLC 串联交流电路中,电路两端交流电压 $u = 141.4\sin1000t$ V,已知 $R = 8$ Ω,$L = 10$ mH,$C = 250$ pF。求:(1)电路阻抗;(2)电流有效值;(3)各元件两端电压有效值;(4)电路的有功功率、无功功率、视在功率;(5)功率因数。

10. 在 RLC 串联电路中,已知流过电路的电流为 10 A,电源电压 100 V,电源角频率为 1000 rad/s,$U_R = 60$ V,$U_C = 100$ V,负载为感性负载。求:(1)电路参数 R、L、C;(2)电路的功率因数;(3)电路的视在功率 S、有功功率 P 和无功功率 Q。

11. 什么叫功率因数?为什么要提高功率因数?通常提高功率因数的办法是什么?

12. 画出单控、双控电路图,并分析电路的工作原理。

13. 为什么开关需安装在相线上?

14. 如何选择低压断路器?

15. 安装电能表时应注意哪些问题?

项目 5　三相交流电路

项目描述

　　在电力系统中,广泛应用三相交流电路。它和单相交流电路比较有以下优点:第一,三相发电机比尺寸相同的单相发电机输出的功率大;第二,三相发电机和变压器的结构、制造都简单,便于使用和维护;第三,远距离输电时比单相发电机节约线材;第四,工农业生产大量使用交流电动机,三相电动机比单相电动机性能平稳可靠。本项目通过三个任务的实施,让读者获得如下知识和技能:了解三相正弦交流电源的产生;掌握三相四线制电源的特点;掌握三相负载星形和三角形联接;会对负载进行星形和三角形联接并分析计算;会安装和检修三相配电柜。

项目任务

任务 5.1　三相负载的星形联接

5.1.1　任务描述

　　由于三相交流电在生产、输送和应用等方面具有突出的优点,因此电力系统都采用三相输出,而用电设备既有三相用电器,也有单相用电器,要实现科学分配电能,负载联接是关键。把各相负载的末端连在一起接到三相电源的中性线上,首端分别与三相电源的三根相线相连,称为负载的星形联接。本任务介绍三相四线制供电、三相负载星形联接的电压电流关系和如何进行三相负载的星形联接。

5.1.2　任务目标

　　(1)了解三相正弦交流电源的产生和特点。
　　(2)掌握三相四线制电源的线电压和相电压的关系。
　　(3)掌握三相对称负载星形联接时,相电压和线电压、相电流和线电流的关系。
　　(4)理解中性线的作用。

（5）会对负载进行星形联接并分析计算。

5.1.3　基础知识一：三相交流电源

5.1.3.1　三相交流电动势的产生

三相交流电动势是由三相交流发电机产生的。三相交流发电机的原理示意图，如图 5 - 1 - 1 所示。它的主要组成部分是定子和转子。转子是转动的磁极，定子是在铁芯槽上放置三个几何尺寸与匝数相同的线圈（称做定子绕组），它们排列在圆周上的位置彼此相差 $\frac{2\pi}{3}$ 的角度，分别用 $U_1 - U_2$，$V_1 - V_2$，$W_1 - W_2$ 表示。U_1、V_1、W_1 表示各相绕组的首端，U_2、V_2、W_2 表示各相绕组的末端。各相绕组的电动势的参考方向规定为由线圈的末端指向始端。

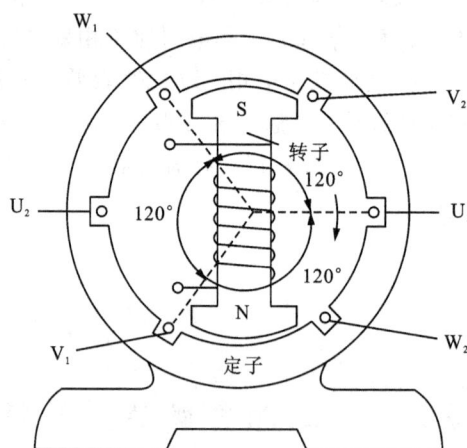

图 5 - 1 - 1　三相交流发电机的原理示意图

当原动机（汽轮机、水轮机）带动转子以角速度 ω 逆时针匀速旋转，作切割磁力线运动，因而产生感应电动势 e_U、e_V、e_W。由于三个绕组的结构相同，在空间相差 $\frac{2\pi}{3}$ 的角度，因此 e_U、e_V、e_W 三个电动势的振幅相同，频率相同，彼此间的相位差为 $\frac{2\pi}{3}$。以 e_U 为参考正弦量，则三相电动势的瞬时表达式为

$$\left.\begin{array}{l} e_U = E_m\sin\omega t \\ e_V = E_m\sin\left(\omega t - \dfrac{2\pi}{3}\right) \\ e_W = E_m\sin\left(\omega t + \dfrac{2\pi}{3}\right) \end{array}\right\} \qquad (5-1-1)$$

它们的波形图和相量图如图 5 - 1 - 2 所示。

三相电动势随时间按正弦规律变化，它们到达最大值（或零值）的先后顺序，叫作相序。从图 5 - 1 - 2 中可以看出，e_U 超前 e_V、e_W 达最大值，e_V 又超前 e_W 达最大值，这种 U - V

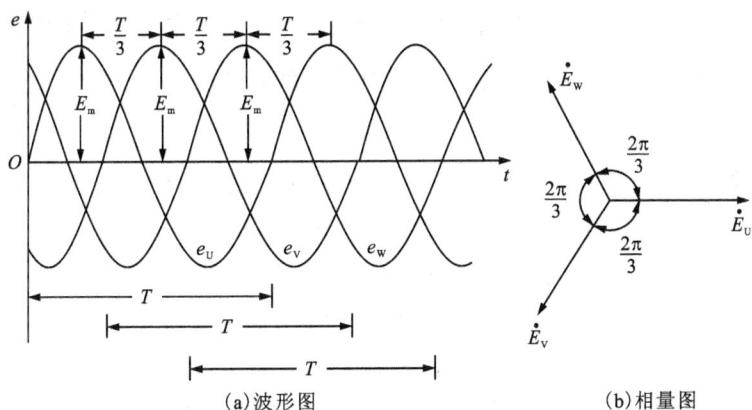

(a)波形图　　　　　　　　　　(b)相量图

图 5 - 1 - 2　三相电动势的波形图和相量图

- W - U 的顺序叫正序,若相序为 U - W - V - U 叫负序。

　　在电工技术和电力工程中,把这种有效值相等、频率相同、相位上彼此相差$\frac{2\pi}{3}$的三相电动势叫作对称三相电动势,供给三相电动势的电源就叫作三相电源。产生三相电动势的每个绕组叫作一相。

5.1.3.2　三相四线制电源

　　三相电源本来具有 U_1、V_1、W_1、U_2、V_2、W_2 六个接头,但是在低压供电系统中常采用三相四线制供电,把三相绕组的末端 U_2、V_2、W_2 联接成一个公共端点,叫作中性点(零点),用 N 表示,如图 5 - 1 - 3 所示。从中性点引出的导线叫作中性线(零线),用黑色或白色表示。中性线一般都是接地的,又叫作地线。从线圈的首端 U_1、V_1、W_1 引出的三根导线又叫作相线(俗称火线),分别用黄、绿、红三种颜色表示。这种供电系统称作三相四线制,用符号"Y_0"表示。

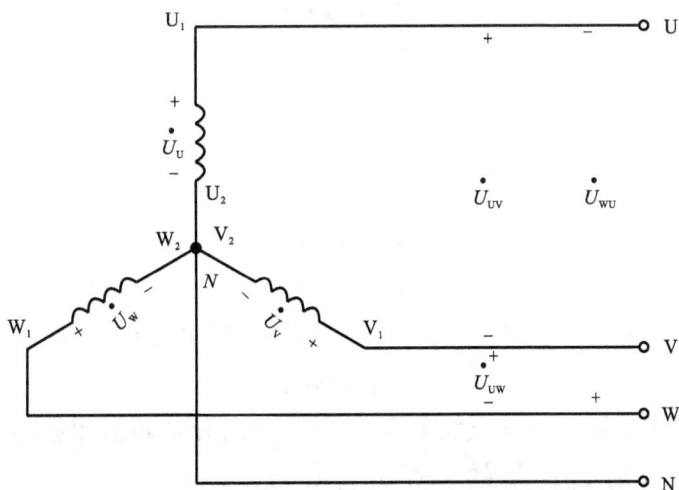

图 5 - 1 - 3　三相四线制电源

三相四线制供电系统可输送两种电压，即相电压与线电压。各相线与中性线之间的电压叫作相电压，分别用 U_U、U_V、U_W 表示其有效值。在发电机内阻可以忽略的情况下，相电压在数值上与各相绕组的电动势相等。各相电压间的相位差也是 $120°(\frac{2\pi}{3})$，因此三个相电压也是相互对称的。

相线与相线之间的电压叫作线电压，其参考方向如图 5 – 1 – 4 中 $\dot{U}_{UV}$、$\dot{U}_{VW}$ 及 $\dot{U}_{WU}$ 所示，用 U_{UV}、U_{VW}、U_{WU} 表示其有效值。它们与相电压之间的关系为

$$\left.\begin{array}{l} \dot{U}_{UV} = \dot{U}_U - \dot{U}_V \\ \dot{U}_{VW} = \dot{U}_V - \dot{U}_W \\ \dot{U}_{WU} = \dot{U}_W - \dot{U}_U \end{array}\right\} \tag{5-1-2}$$

作出 $\dot{U}_U$、$\dot{U}_V$、$\dot{U}_W$ 的相量图，如图 5 – 1 – 4 所示。然后，应用平行四边形法则，可以求出线电压

$$\frac{U_{UV}}{2} = U_U \cos 30°$$

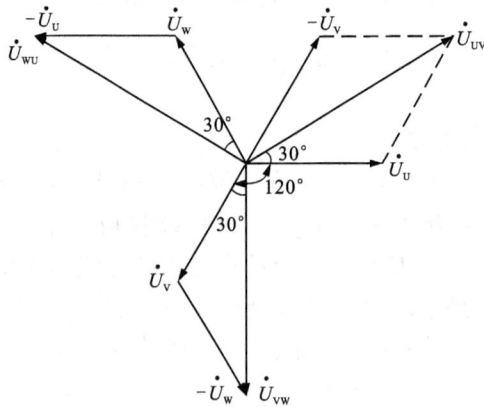

图 5 – 1 – 4　三相四线制电源电压相量图

即得线电压 U_{UV} 与相电压 U_U 间的关系为

$$U_{UV} = \sqrt{3} U_U$$

同理可求得

$$U_{VW} = \sqrt{3} U_V$$

$$U_{WU} = \sqrt{3} U_W$$

一般线电压用 U_L 表示，相电压用 U_P 表示，线电压与相电压之间的数量关系可以写成

$$U_L = \sqrt{3} U_P \tag{5-1-3}$$

从图 5 – 1 – 4 中还可以看出线电压 $\dot{U}_{UV}$、$\dot{U}_{VW}$、$\dot{U}_{WU}$ 分别超前相应的相电压 $\dot{U}_U$、$\dot{U}_V$、$\dot{U}_W$ 30°。三个线电压彼此间相差 $\frac{2\pi}{3}$，线电压也是对称的。

通过以上讨论可知：

（1）对称三相电动势有效值相等，频率相同，各相之间的相位差为$\frac{2\pi}{3}$。

（2）三相四线制的相电压和线电压都是对称的。

（3）线电压是相电压的$\sqrt{3}$倍，线电压的相位超前相应的相电压$\frac{\pi}{6}$。

图 5 - 1 - 5 是三相四线制低压配电线路，接到动力开关上的是三根相线，它们之间的线电压 $U_L = 380$ V。接到照明开关的是相线和中性线，它们之间的相电压 $U_P = 220$ V。

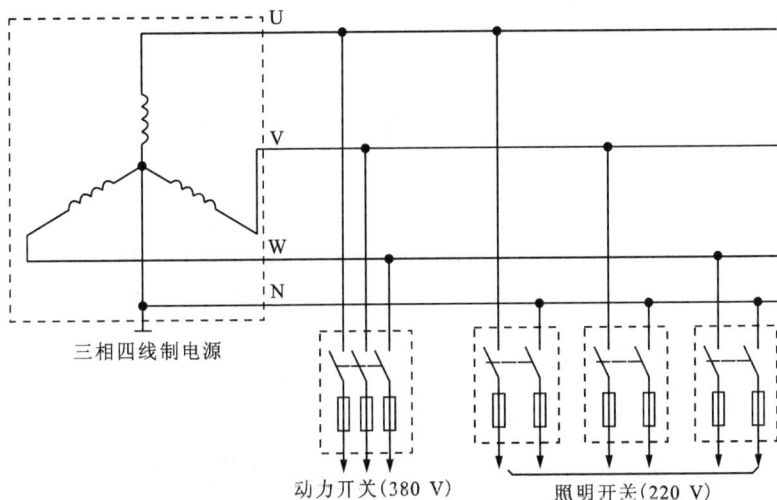

图 5 - 1 - 5　三相四线制低压配电线路

5.1.4　基础知识二：三相负载的星形接法

三相电路中的三相负载，可分为对称三相负载和不对称三相负载。各相负载的大小和性质完全相同的叫对称三相负载，即 $R_U = R_V = R_W$，$X_U = X_V = X_W$，如三相电动机、三相变压器、三相电炉等。各相负载不同的就叫不对称三相负载，如三相照明电路中的负载。

在三相电路中，负载有星形（Y）和三角形（△）两种联接方式。

5.1.4.1　三相负载的星形联接方式

把各相负载的末端 U_2、V_2、W_2 联在一起接到三相电源的中线上，把各相负载的首端 U_1、V_1、W_1 分别接到三相交流电源的三根相线上，这种联接的方法叫作三相负载有中线的星形接法，用 Y_0 表示。图 5 - 1 - 6（a）为三相负载有中线的星形接法的原理图，图 5 - 1 - 6（b）为实际电路图。

负载作星形联接并具有中线时，每相负载两端的电压叫作负载的相电压，用 U_{YP} 表示。当输电线的阻抗忽略时，负载的相电压等于电源相电压（$U_{YP} = U_P$）。负载的线电压等于电源的线电压，负载的线电压与相电压的关系为

$$U_L = \sqrt{3} U_{YP} \qquad\qquad (5 - 1 - 4)$$

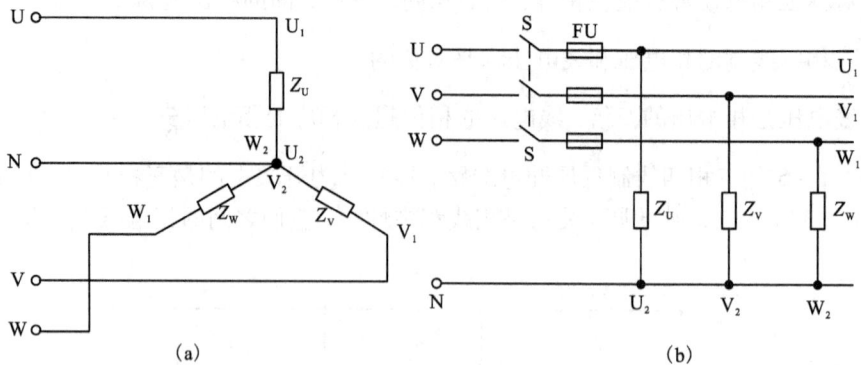

图 5 - 1 - 6 三相负载星形接法的电路

5.1.4.2 电路计算

在三相交流电路中,负载作星形联接,流过每一相负载的电流叫作相电流,分别用 I_u、I_v 及 I_w 来表示,下标字母为小写,一般用 I_{YP} 表示。流过每根相线的电流叫作线电流,分别用 I_U、I_V 及 I_W 来表示,下标字母为大写,一般用 I_{YL} 表示。

当负载作星形联接具有中线时,三相交流电路的每一相,就是一单相交流电路,各相电压与电流间数量及相位关系可应用前面学习过的单相交流电路的方法处理。

在对称三相电压作用下,流过对称三相负载的各相电流也是对称的,即

$$I_{YP} = I_u = I_v = I_w = \frac{U_{YP}}{Z_P} \tag{5 - 1 - 5}$$

式中 Z_P 为每相负载的阻抗。各相电流之间的相位差仍为 $\frac{2\pi}{3}$。因此,计算对称三相负载电路只需要计算其中一相,其他两相只是相位互差 $\frac{2\pi}{3}$。

由基尔霍夫第一定律可知,流过中线的电流为

$$i_N = i_u + i_v + i_w \tag{5 - 1 - 6}$$

上式所对应的相量关系式为

$$\dot{I}_N = \dot{I}_u + \dot{I}_v + \dot{I}_w \tag{5 - 1 - 7}$$

作出对称三相负载的相电流 i_U、i_V、i_W 的相量图,如图 5 - 1 - 7 所示。根据上式求出三个线电流相量的和为

$$\dot{I}_N = 0$$

即三个相电流瞬时值之和等于零。

$$i_N = 0$$

对称三相负载作星形联接时的中线电流为零。在这种情况下去掉中线也不影响三相电路的正常工作,为此常常采用三相三线制电路,如图 5 - 1 - 8 所示。常用的三相电动机和三相变压器都是对称三相负载,都采用三相三线制供电。

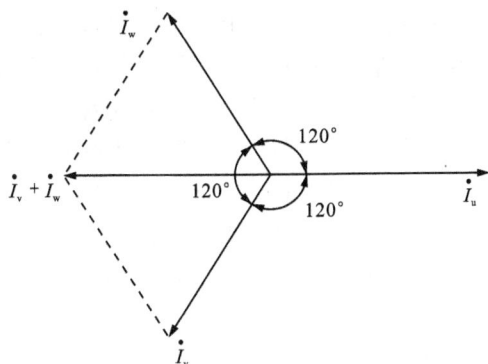

图 5 - 1 - 7 三相对称负载作星形
连接时的电流相量图

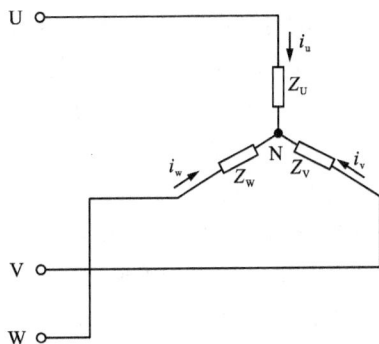

图 5 - 1 - 8 三相三线制电路

应当指出,在三相负载的星形联接中,无论有无中线,由于每相的负载都串在相线上,相线和负载通过的是同一个电流,所以各相电流等于各线电流,即

$$\begin{cases} \dot{I}_{U} = \dot{I}_{u} \\ \dot{I}_{V} = \dot{I}_{v} \\ \dot{I}_{W} = \dot{I}_{w} \end{cases}$$

一般写成

$$I = I_P \qquad\qquad\qquad (5-1-8)$$

例 5.1.1 星形联接的对称三相负载,每相的电阻 $R = 24\ \Omega$,感抗 $X_L = 32\ \Omega$,接到线电压 $U_L = 380\ V$ 的三相电源上。求相电压 U_P、相电流 I_P 及线电流 I_L。

解: 对称三相负载作星形联接,每相负载两端的电压等于电源的相电压,即

$$U_P = \frac{U_L}{\sqrt{3}} = \frac{380}{\sqrt{3}} = 220\ (V)$$

每相负载的阻抗为

$$z = \sqrt{R^2 + X_L^2} = \sqrt{24^2 + 32^2} = 40\ (\Omega)$$

则相电流为

$$I_P = \frac{U_P}{z} = \frac{220}{40} = 5.5\ (A)$$

负载作星形联接时的线电流等于相电流,即

$$I_L = I_P = 5.5\ (A)$$

5.1.4.3 不对称负载星形联接时中线的作用

三相负载在很多情况下是不对称的,最常见的照明电路就是不对称负载有中线的星形联接的三相电路。下面,我们通过具体例子分析三相四线制中线的重要作用。

把额定电压为 220 V,功率分别为 100 W、60 W 和 40 W 的三个灯泡作星形联接然后接到三相四线制的电源上。为了便于说明问题,设在中线上装有开关 S_N,如图 5 - 1 - 9(a) 所示。每个灯泡两端的电压为相电压,它等于灯泡的额定电压 220 V。当闭合开关 S_N、S_U、

S_V 和 S_W 时，每个灯泡都能正常发光。当断开 S_U、S_V 和 S_W 中任意一个或两个开关时，处在通路状态下的灯泡两端的电压仍然是相电压，灯泡仍然正常发光。上述情况是相电压不变，而各相电流的数值不同，中性线电流不等于零。如果断开开关 S_W，再断开中线开关 S_N，如图 5-1-9(b) 所示，中性线断开后，电路变成不对称星形负载无中性线电路，40 W 的灯泡反比 100 W 的灯泡亮得多。其原因是，没有中性线，两个灯泡(40 W 和 100 W 的灯泡)串联起来以后接到了两根相线上，即加在两个串联灯泡两端的电压是线电压(380 V)。又由于 100 W 的灯泡的电阻比 40 W 的灯泡的电阻小，由串联分压可知它两端的电压也就小。因此，100 W 的灯泡实际吸收的功率小于 40 W，反而较暗。40 W 的灯泡两端的电压大于 220 V，会发出更强的光，还可能将灯泡烧毁。

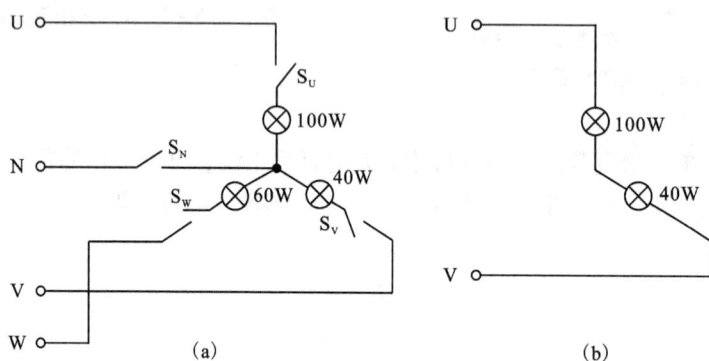

图 5-1-9 星形联接不对称负载

可见，对于不对称星形负载的三相电路，必须采用带中性线的三相四线制供电。若无中性线，可能使某一相电压过低，该相用电设备不能正常工作；某一相电压过高，烧毁该相用电设备。因此，中性线对于电路的正常工作及安全是非常重要的，它可以保证不对称三相负载电压的对称，防止发生事故。在三相四线制中规定，中性线不许安装熔断器和开关。通常还要把中性线接地，使它与大地电位相同，以保障安全。

例 5.1.2 在如图 5-1-10 所示的三相照明电路中，各相的电阻分别为 $R_U = 30\ \Omega$，$R_V = 30\ \Omega$，$R_W = 10\ \Omega$，将它们联接成星形接到线电压为 380 V 的三相四线制电路中，各灯泡的额定电压为 220 V。试求：

(1)各相电流、线电流和中性线电流；

(2)若中性线因故障断开，U 相灯全部关闭，V、W 两相灯全部工作，V 相和 W 相电流多大？会出现什么情况？

解：(1)每相负载所承受的相电压为线电压的 $\dfrac{1}{\sqrt{3}}$

$$U_P = \frac{U_L}{\sqrt{3}} = \frac{380}{\sqrt{3}} = 220\ (\text{V})$$

U 相和 V 相的电阻相等，相电流也相等，相电流为

$$I_u = I_v = \frac{U_P}{R_V} = \frac{220}{30} \approx 7.33\ (\text{A})$$

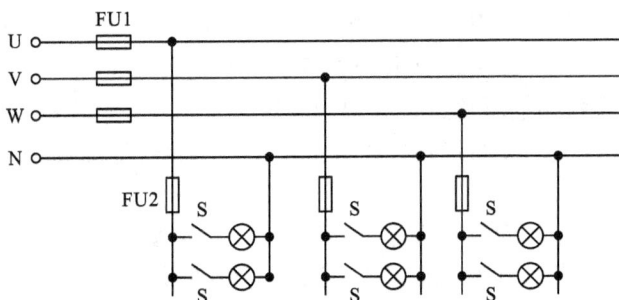

图 5 - 1 - 10　例题 5.1.2 图(1)

W 相的相电流为

$$I_w = \frac{U_P}{R_W} = \frac{220}{10} = 22 \ (\text{A})$$

由于线电流等于相电流,则线电流为

$$I_U = I_V = I_u = 7.33 \ (\text{A})$$

$$I_W = I_w = 22 \ (\text{A})$$

由于照明电路是电阻性电路,各相电流与对应的相电压的相位相同,并且

$$\dot{I}_N = \dot{I}_u + \dot{I}_v + \dot{I}_w$$

作出相量图,如图 5 - 1 - 11(a)所示。从相量图可以求得中性线电流 I_N 为

$$I_N = I_w - 2 \ I_U \cos \frac{\pi}{3} = 22 - 2 \times 7.33 \times \frac{1}{2} - 14.67 \ \text{A}$$

并且 $\dot{I}_N$ 与 $\dot{I}_w$ 同相位。

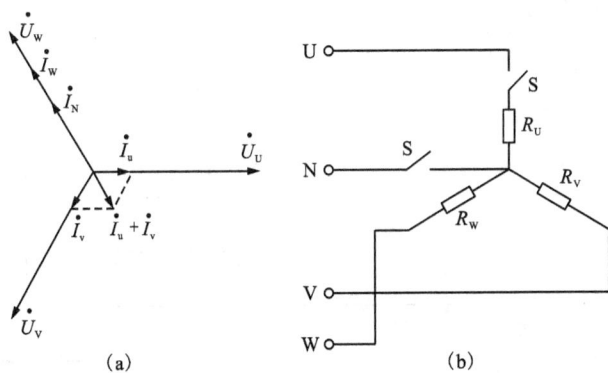

图 5 - 1 - 11　例题 5.1.2 图(2)

(2)中性线断开并且断开 U 相的电路,如图 5 - 1 - 11(b)所示。R_V 串上 R_W 以后接到线电压 U_{VW} 上,V、W 两相流过的电流为

$$I_v = I_w = \frac{U_L}{R_V + R_W} = \frac{380}{30 + 10} = 9.5 \ (\text{A})$$

V、W 两相的电压分别为

$$U_V = I_v R_V = 9.5 \times 30 = 285 \text{（V）}$$
$$U_W = I_w R_W = 9.5 \times 10 = 95 \text{（V）}$$

由于 V 相的灯泡两端电压超过了灯泡的额定工作电压，灯泡将会烧毁。W 相灯泡两端电压低于灯泡的额定电压，灯泡不能正常工作。当 V 相灯泡烧毁后（开路），W 相也处于断路状态。

通过以上分析可知，不对称负载作星形联接时，必须要有中性线。中性线能保证三相负载的相电压对称，使负载能够正常工作。照明电路必须采用三相四线制供电线路，中性线是绝对不能省去的。中性线必须安装牢靠，并规定中性线上不得安装开关和熔断器，以保证线路能正常工作。

5.1.5 技能实训：三相负载的星形联接

5.1.5.1 实训目的
（1）会进行三相负载的星形联接。
（2）通过数据测量，了解三相负载星形联接的特点。

5.1.5.2 实训器材
完成三相负载的星形联接所需器材如表 5 – 1 – 1 所示。

表 5 – 1 – 1 所需器材

序号	名　称	型号与规格	数量	备注
1	三相交流电源	3 ~ 380 V	1	
2	三相自耦调压器		1	
3	交流电压表		1	
4	交流电流表		4	
5	白炽灯泡、灯座	40W/220V 白炽灯	6	
6	三相插头、座		1	
7	开关		6	
8	导线		若干	

5.1.5.3 实训注意事项
（1）本任务中采用三相交流市电，线电压为 380 V，应穿绝缘鞋进实验室。实验时要注意人身安全，不可触及导电部件，防止意外事故发生。
也可用调压器把市电 380 V 降至 220 V，再进行实训。
（2）每次接线完毕，应自查一遍，再由指导教师检查后，方可接通电源。必须严格遵守先接线、后通电；先断电、后拆线的实验操作原则。

（3）星形负载作短路实验时，必须首先断开中线，以免发生短路事故。

（4）测量、记录各电压、电流时，注意分清它们是哪一相、哪一线，防止记错。

5.1.5.4 实训内容与步骤

1. 三相对称负载的星形联接

三个同功率的白炽灯泡接成星形接法，三相四线制接法。电路如图 5 - 1 - 12 所示。

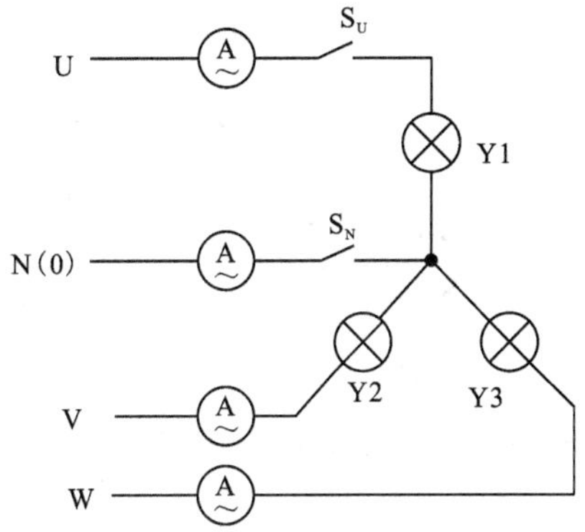

图 5 - 1 - 12 三相对称负载星形接法

实训步骤：

（1）组接实验电路；

（2）分别测量线电压、相电压、线电流、相电流，记录实验数据于表 5 - 1 - 2 中。

（3）U 相负载开路时，断开 S_U，分别测量线电压、相电压、线电流、相电流，记录实验数据于表 5 - 1 - 2 中。

（4）U 相负载短路时（此时必须断开中性线，为三相三线制接法），分别测量线电压、相电压、线电流、相电流，记录实验数据于表 5 - 1 - 2 中。

表 5 - 1 - 2 数据记录表

三相负载情况	U_{UV}	U_{VW}	U_{WU}	U_{UN}	U_{VN}	U_{WN}	I_U	I_V	I_W	I_N
负载对称										
负载对称（断开中性线）										
U 相开路										
U 相开路（断开中性线）										
U 相短路（此时必须断开中性线）										

2. 三相不对称负载的星形联接

在三相负载星形联接电路中，每路依次接1、2、3个同功率的白炽灯泡，电路如图5-1-13所示。

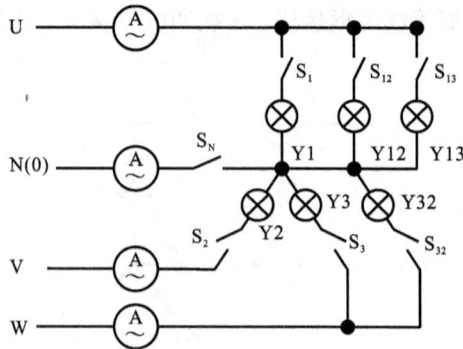

图5-1-13　三相不对称负载的星形联接

实训步骤：

(1)组接实验电路(为安全，也可用调压器调节线电压为220 V，再进行实验)；

(2)所有开关都闭合，分别测量线电压、相电压、线电流、相电流，记录实验数据于表5-1-3中。

(3)U相负载开路时，分别测量线电压、相电压、线电流、相电流，记录实验数据于表5-1-3中。

(4)U相负载短路时(此时必须断开中性线，为三相三线制接法)，分别测量线电压、相电压、线电流、相电流，记录实验数据于表5-1-3中。

表5-1-3　数据记录表

三相负载情况	U_{UV}	U_{VW}	U_{WU}	U_{UN}	U_{VN}	U_{WN}	I_U	I_V	I_W	I_N
负载不对称										
负载不对称(断开中性线)										
U相开路										
U相开路(断开中性线)										
U相短路(此时必须断开中性线)										

5.1.5.5　考核评价

三相负载的星形联接考核评价如表5-1-4所示。

表 5 – 1 – 4　考核评价表

评价内容		配分	考核点	备注
职业素养与操作过程规范（30 分）		5	正确着装和佩戴防护用具，做好工作前准备	出现明显失误造成贵重元件或仪表、设备损坏；出现严重短路、跳闸事故，发生触电等安全事故；严重违反实训纪律，造成恶劣影响的记 0 分
		5	采用正确的方法选择器材、器件	
		10	合理选择工具进行安装、联接，不浪费线材料	
		5	按正确流程进行任务实施，并及时记录数据	
		5	任务完成后，整齐摆放工具及凳子、整理工作台面等并符合"6S"要求	
作品质量（70 分）	装配工艺	30	①器件布局合理、美观；②导线联接整齐美观、导线横平竖直，弯折处成直角；③线头绝缘剥削合适，联接点长度合适；④安装完毕，台面清理干净	
	功能	10	电路联接后，能进行各项参数的测量	
	数据分析	30	对各项参数进行测量、及时记录，并能对数据进行分析	

5.1.5.6　实训小结

（1）三相四线制的线电压和相电压分别是多少？对称三相四线制中的线电压与相电压在数值和相位上有什么关系？

（2）试分析三相四线制的中性线（零线）的作用、特点。

5.1.6　拓展提高：三相异步电动机的星形接法

通过前面的实验，我们已经知道三相对称负载时中性线中无电流流过，所以电动机星形接法时，只需将三相绕组的尾端连在一起，三个首端分别接三相电源即可，如图 5 – 1 – 14 所示。

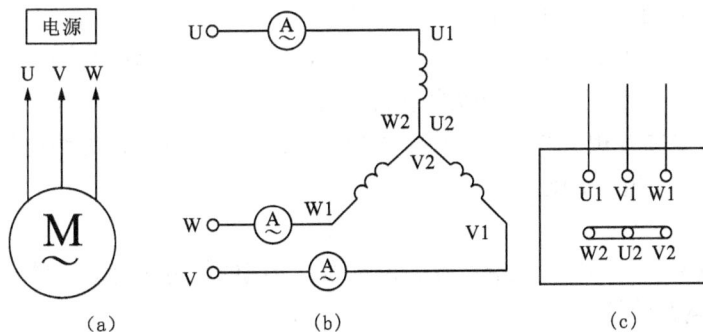

图 5 – 1 – 14　三相异步电动机的星形接法

实施步骤：

（1）组接实验电路；

（2）分别测量线电压、相电压、线电流、相电流，记录实验数据于表5－1－5中。

表 5 – 1 – 5　数据记录表

三相负载情况	U_{UV}	U_{VW}	U_{WU}	U_{UN}	U_{VN}	U_{WN}	I_U	I_V	I_W	I_N
三相绕组对称										

任务5.2　三相负载的三角形联接

5.2.1　任务描述

由于工厂设备一般采用三相异步电动机拖动，而此类电动机是三相对称型负载，在使用时中性线电流为零，无需中性线，因此，三相异步电动机一般采用三角形接法供电。本任务介绍三相负载三角形联接的电压、电流关系和如何进行三相负载的三角形联接。

5.2.2　任务目标

（1）掌握三相对称负载三角形联接时，相电压和线电压、相电流和线电流的关系。

（2）会对负载进行三角形联接并分析计算。

5.2.3　基础知识：三相负载的三角形接法

5.2.3.1　三相负载的三角形联接方式

把三相负载分别接到三相交流电源的每两根相线之间，负载的这种联接方法叫作三角形联接，用符号"△"表示。图5－2－1(a)所示的是负载作三角形联接的原理图，图5－2－1(b)所示的是三相负载三角形接法的实际电路图。

三角形联接中的各相负载全都接在了两根相线之间，因此电源的线电压等于负载两端的电压，即负载的相电压，则

$$U_{\triangle P} = U_L \tag{5 – 2 – 1}$$

由于三相电源是对称的，无论负载是否对称，负载的相电压是对称的。

5.2.3.2　电路计算

对于负载作三角形联接的三相电路中的每一相负载来说，都是单相交流电路。各相电流和电压之间的数量与相位关系与单相交流电路相同。

在对称三相电源的作用下，流过对称负载的各相电流也是对称的。应用单相交流电路的计算关系，可知各相电流有效值为

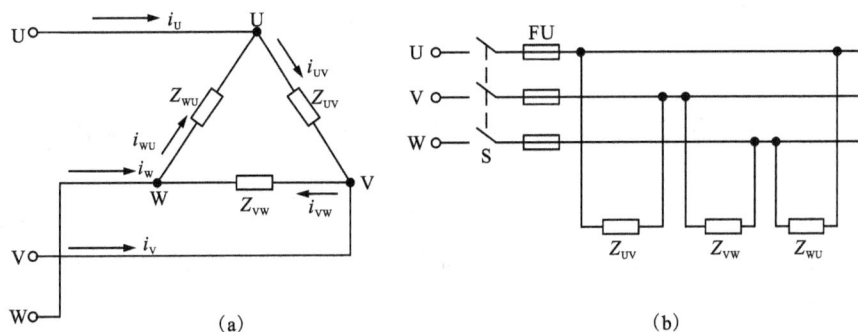

图 5 - 2 - 1　三相负载作三角形接法的电路

$$I_{uv} = I_{vw} = I_{wu} = \frac{U_L}{z_{UV}}$$

各相电流间的相位差仍为 $\frac{2\pi}{3}$。

根据基尔霍夫第一定律，可以求出线电流与相电流之间的关系为

$$\begin{cases} i_U = i_{uv} - i_{wu} \\ i_V = i_{vw} - i_{uv} \\ i_W = i_{wu} - i_{vw} \end{cases}$$

对应的相量间的关系为

$$\begin{cases} \dot{I}_U = \dot{I}_{uv} - \dot{I}_{wu} \\ \dot{I}_V = \dot{I}_{vw} - \dot{I}_{uv} \\ \dot{I}_W = \dot{I}_{wu} - \dot{I}_{vw} \end{cases}$$

当负载对称时，作出相电流 i_{uv}、i_{vw}、i_{wu} 的相量图，如图 5 - 2 - 2 所示。应用平行四边形则可以求出线电流为

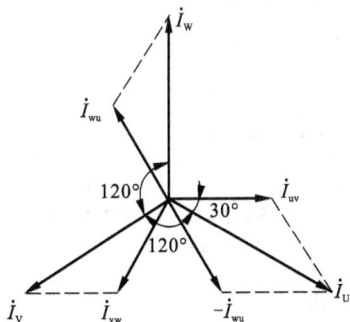

图 5 - 2 - 2　对称三角形负载相电流相量图

$$I_U = 2\,I_{uv}\cos 30° = 2\,I_{uv} \times \frac{\sqrt{3}}{2} = \sqrt{3}I_{uv}$$

同理可求出

$$I_V = \sqrt{3}I_{vw}$$

$$I_W = \sqrt{3}I_{wu}$$

由此可见,当对称三相负载作三角形联接时,线电流的大小为相电流的$\sqrt{3}$倍,一般写成

$$I_{\triangle L} = \sqrt{3}I_{\triangle P} \qquad\qquad (5-2-2)$$

例 5.2.1 有三个 100 Ω 的电阻,将它们联接成星形或三角形,分别将它们接到线电压为 380 V 的对称三相电源上,如图 5-2-3 所示。试求线电压、相电压、线电流和相电流。

解:

1. 负载作星形联接,如图 5-2-3(a)所示。负载的线电压为

$$U_L = 380 \text{ (V)}$$

负载的相电压为线电压的$\dfrac{1}{\sqrt{3}}$,即

$$U_P = \frac{U_L}{\sqrt{3}} = \frac{380}{\sqrt{3}} = 220 \text{ (V)}$$

负载的相电流等于线电流

$$I_P = I_L = \frac{U_P}{R} = \frac{220}{100} = 2.2 \text{ (A)}$$

(2)负载作三角形联接,如图 5-2-3(b)所示。负载的线电压为

$$U_L = 380 \text{ V}$$

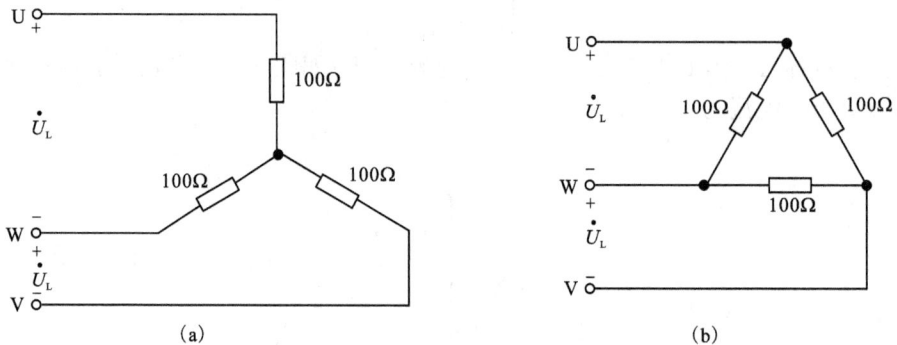

图 5-2-3 例 5.2.1 图

负载的相电压等于线电压,即

$$U_P = U_L = 380 \text{ (V)}$$

负载的相电流为

$$I_P = \frac{U_P}{R} = \frac{380}{100} = 3.8 \text{ (A)}$$

负载的线电流为相电流的$\sqrt{3}$倍

$$I_{\mathrm{L}} = \sqrt{3}I_{\mathrm{P}} = \sqrt{3} \times 3.8 \approx 6.58 \ (\mathrm{A})$$

通过上面的计算可知，在同一个对称三相电源的作用下，对称负载作三角形联接的线电流是负载作星形联接时的线电流的三倍。

5.2.4   技能实训：三相负载的三角形联接

5.2.4.1   实训目的
(1)会进行三相负载的三角形联接。
(2)通过数据测量，了解三相负载三角形联接的特点。

5.2.4.2   实训器材
完成三相负载的三角形联接所需器材如表5-2-1所示。

表5-2-1   所需器材

序号	名　　称	型号与规格	数量	备注
1	三相交流电源	3～380 V	1	
2	三相自耦调压器		1	
3	交流电压表		1	
4	交流电流表		4	
5	白炽灯泡、灯座	40W/220V 白炽灯	6	
6	三相插头、座		1	
7	开关		6	
8	导线		若干	

5.2.4.3   实训内容与步骤
1. 三相对称负载三角形联接

三相对称负载三角形联接电路如图5-2-4所示。

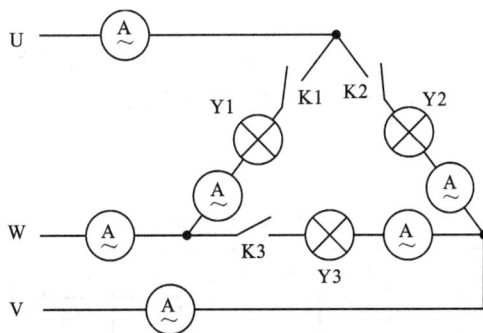

图5-2-4   三相对称负载三角形联接

実訓步骤：

(1) 组接实验电路；

(2) 分别测量线电压、线电流、各灯泡电流，记录实验数据于表 5-2-2 中。

(3) Y1 负载开路时，分别测量线电压、线电流、各灯泡电流，记录实验数据于表 5-2-2 中。

表 5-2-2 数据记录表

三相负载情况	U_{UV}	U_{VW}	U_{WU}	I_U	I_V	I_W	I_{Y1}	I_{Y2}	I_{Y3}	灯泡亮度比较
负载对称										
Y1 开路										

2. 三相不对称负载三角形联接

三相不对称负载三角形联接电路如图 5-2-5 所示。

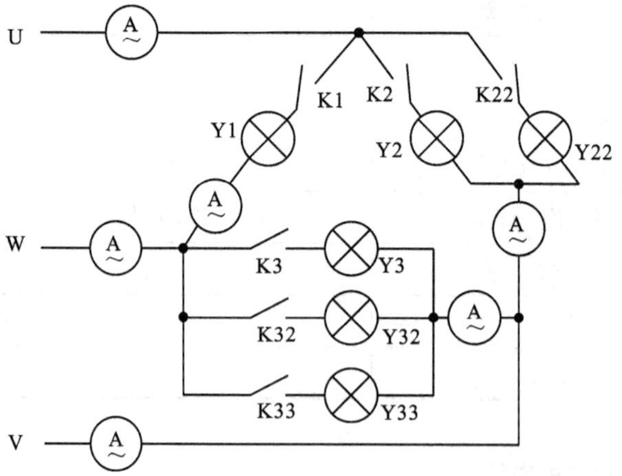

图 5-2-5 三相不对称负载三角形联接

实训步骤：

(1) 组接实验电路；

(2) 开关全部闭合时分别测量线电压、线电流，记录实验数据于表 5-2-3 中。

(3) Y_3、Y_{32}、Y_{33} 负载同时开路时，分别测量线电压、线电流，记录实验数据于表 5-2-3 中。

表 5-2-3 数据记录表

三相负载情况	U_{UV}	U_{VW}	U_{WU}	I_U	I_V	I_W	I_{Y1}	I_{Y2}	I_{Y3}	灯泡亮度比较
负载对称										
Y3、Y32、Y33 开路										

5.2.4.4 注意事项

(1)本任务中采用三相交流市电,线电压为 380 V,应穿绝缘鞋进实验室。实验时要注意人身安全,不可触及导电部件,防止意外事故发生。

也可用调压器把市电 380 V 降至 220 V,再进行实训。

(2)每次接线完毕,应自查一遍,再由指导教师检查后,方可接通电源。必须严格遵守先接线、后通电;先断电、后拆线的实验操作原则。

(3)测量、记录各电压、电流时,注意分清它们是哪一相、哪一线,防止记错。

5.2.4.5 考核评价

三相负载的三角形联接考核评价如表 5-2-4 所示。

表 5-2-4 三相负载的三角形联接考核评价表

评价内容		配分	考核点	备注
职业素养与操作规范(30分)		5	正确着装和佩戴防护用具,做好工作前准备	出现明显失误造成贵重元件或仪表、设备损坏;出现严重短路、跳闸事故,发生触电等安全事故;严重违反实训纪律,造成恶劣影响的记0分
		5	采用正确的方法选择器材、器件	
		10	合理选择工具进行安装、联接,不浪费线材	
		5	能按正确流程进行任务实施,并及时记录数据	
		5	任务完成后,整齐摆放工具及凳子、整理工作台面等并符合"6S"要求	
作品质量(70分)	装配工艺	30	①器件布局合理、美观;②导线联接整齐美观、导线横平竖直,弯折处成直角;③线头绝缘剥削合适,联接点长度合适;④安装完毕,台面清理干净	
	功能	10	电路联接后,能进行各项参数的测量	
	数据分析	30	对各项参数进行测量、及时记录,并能对数据进行分析	

5.2.4.6 实训小结

简述三相对称负载三角形接法与星形接法负载两端的电压与流过的电流有什么不同。

5.2.5 拓展提高:三相异步电动机的三角形接法

通过前面的实验,已经知道三相对称负载成三角形联接时,无需中性线,而三相异步电动机也是三相对称绕组,所以亦可将三相异步电动机接成三角形接法,将三相绕组的首尾端依次联接,三个联接点分别接三相电源即可。

三相异步电动机的三角形联接电路图如图 5-2-6 所示。

实训步骤:

(1)组接实验电路;

(2)分别测量线电压、相电压、线电流、相电流,记录实验数据于表 5-2-5 中。

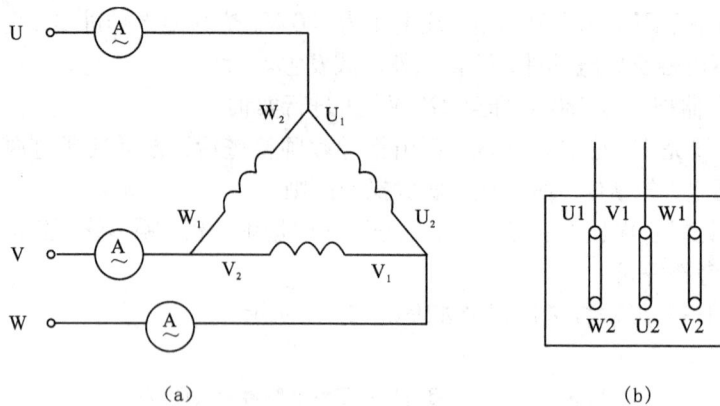

（a）　　　　　　　　　　　　　　　　　　（b）

图 5 - 2 - 6　三相异步电动机的三角形接法

表 5 - 2 - 5　数据记录表

三相负载情况	U_{UV}	U_{VW}	U_{WU}	I_U	I_V	I_W
三相绕组对称						

三相异步电动机星形接法与三角形接法的说明：

三相异步电动机按定子绕组的联接方式分为星形接法和三角形接法；星形接法指将电机绕组三相末端接在一起，三相首端为电源端；三角形接法指将三相绕组首尾互相联接，三个端点为电源端。

同样一台电机，可以安装绕成 Y 绕组，也可以安装绕成 △ 绕组；安装绕成 △ 绕组时，导线截面小，串联匝数多，工作相电压高，相电流低；安装绕成 Y 绕组时，导线截面大，串联匝数小，工作相电压低，相电流高；由于电阻热损耗与电流的平方成正比，所以同样一台电机，安装绕成 △ 绕组时热损耗小。

在线电压一定的情况下，负载作三角形联接时的功率是作星形联接时功率的 3 倍（下一任务学到），而电流是作星形联接时电流的 $\sqrt{3}$ 倍，这就是为什么要三相异步电动机要采用星形起动三角形运行的方式，可降低起动电流，提高运行功率。

在使用上，△ 绕组可以用 Y - △ 起动方式起动，而 Y 绕组不能用 Y - △ 起动方式起动。

三角形联接时，相电压等于线电压；星形联接时，相电压等于 $\dfrac{1}{\sqrt{3}}$ 线电压。也就是相同的线电压下，同一台电动机采用三角形接法时，其功率是采用星形接法的 3 倍。在电动机铭牌上写着 220/380 V（△/Y），它表示当电源为 220 V（三相）时，电动机应为三角形联接，当电源电压为 380 V 时，电动机应为星形联接。

任务5.3　三相配电柜的安装与检修

5.3.1　任务描述

在电力系统中，常常要对电能进行分配，配电柜就是所有用户用电的总的分配柜，是集中安装开关、仪表等设备的成套装置。配电柜主要用于管理，方便停、送电，起到计量和停、送电的作用，当电路发生故障时方便检修。本任务介绍三相电路的功率和配电柜的安装与检修。

5.3.2　任务目标

(1)熟悉三相电路的功率计算。
(2)会安装配电柜。
(3)会查找和排除配电柜的故障。

5.3.3　基础知识：三相电路的功率

在二相交流电路中，不论负载采取星形联接的方式，还是采取三角形联接的方式，三相负载消耗的总功率等于各相负载消耗的功率之和。即

$$P = P_U + P_V + P_W \qquad (5-3-1)$$

每一相负载所消耗的功率，可以应用单相正弦交流电路中学过的方法计算。如果知道各相电压、相电流及功率 $\cos\varphi$ 的值，则负载消耗的总功率为

$$P = U_U I_U \cos\varphi_U + U_V I_V \cos\varphi_V + U_W I_W \cos\varphi_W$$

在对称三相交流电路中，如果三相负载是对称的，则电流也是对称的，即

$$U_P = U_U = U_V = U_W$$
$$I_P = I_u = I_v = I_w$$
$$\varphi = \varphi_U = \varphi_V = \varphi_W$$

负载消耗的总功率可以写成

$$P = 3U_P I_P \cos\varphi \qquad (5-3-2)$$

式中：U_P——负载的相电压，单位是伏［特］，符号为 V；
　　I_P——流过负载的相电流，单位是安［培］，符号是 A；
　　φ——相电压与相电流之间的相位差，单位是弧度，符号为 rad
　　P——三相负载总的有功功率，单位是瓦［特］，符号是 W 。
由上式可知，对称三相电路总有功功率为一相有功功率的三倍。
在实际工作中，测量线电压、线电流比较方便，三相电路的总功率常用线电压和线电流来表示。
对称负载作星形联接时，线电压是相电压的 $\sqrt{3}$ 倍，即

$$U_L = \sqrt{3}U_P$$
$$I_L = I_P$$

对称负载作三角形联接时,线电压等于相电压,线电流是相电流的$\sqrt{3}$倍,即

$$U_L = U_P$$
$$I_L = \sqrt{3}I_P$$

所以,对称负载不论作星形联接还是三角形联接,总有功功率为

$$P = \sqrt{3}U_L I_L \cos\varphi \tag{5-3-3}$$

使用上式时必须注意:

(1)负载为星形或三角形联接时,线电压是相同的,线电流是不相等的。三角形联接时的线电流是星形联接时线电流的 3 倍。

(2)φ 仍然是相电压与相电流的相位差,而不是线电压与线电流的相位差。也就是说,功率因数 $\cos\varphi$ 是指每相负载的功率因数。

同单相交流电路一样,三相负载中既有耗能元件,又有储能元件。因此,三相交流电路中除有功功率外,还有无功功率和视在功率。应用上面的方法,可以推出对称三相电路的无功功率为

$$Q = \sqrt{3}U_L I_L \sin\varphi \tag{5-3-4}$$

视在功率为

$$S = \sqrt{3}U_L I_L \tag{5-3-5}$$

三者间的关系为

$$S = \sqrt{P^2 + Q^2} \tag{5-3-6}$$

例 5.3.1 有一个对称三相负载,每相的电阻 $R = 8\ \Omega$,感抗 $X_L = 6\ \Omega$,分别接成星形、三角形,接到线电压为 380 V 的对称三相电源上,如图 5-3-1 所示。试求:

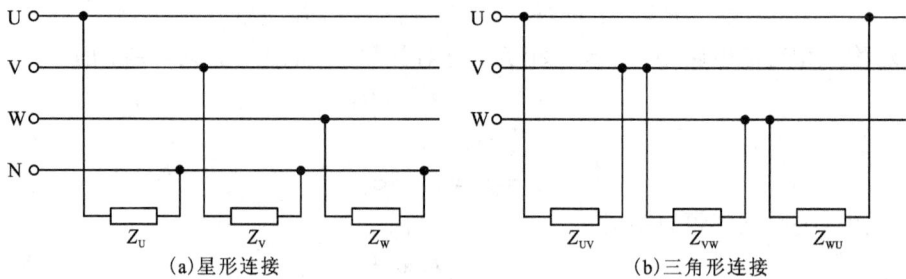

图 5-3-1 例 5.3.1 图

(1)负载作星形联接时的相电流、线电流和有功功率;
(2)负载作三角形联接时的相电流、线电流和有功功率。

解:
(1)星形联接时,负载的相电压为

$$U_P = \frac{U_L}{\sqrt{3}} = \frac{380}{\sqrt{3}} = 220 \text{（V）}$$

各相负载 $R = 8\ \Omega$，感抗 $X_L = 6\ \Omega$，其阻抗为

$$z = \sqrt{R^2 + X_L^2} = \sqrt{8^2 + 6^2} = 10 \text{（}\Omega\text{）}$$

各相的相电流为

$$I_P = \frac{U_P}{z} = \frac{220}{10} = 22 \text{（A）}$$

对称负载作星形联接时的线电流等于相电流，即

$$I_L = I_P = 22 \text{（A）}$$

各相负载的功率因数为

$$\cos\varphi = \frac{R}{z} = \frac{8}{10} = 0.8$$

三相负载总有功功率为

$$P_Y = \sqrt{3}\, U_L I_L \cos\varphi = \sqrt{3} \times 380 \times 22 \times 0.8 \approx 11.6 \text{（kW）}$$

（2）负载作三角形联接时，相电压等于线电压，即

$$U_P = U_L = 380 \text{（V）}$$

阻抗 $z = 10\ \Omega$，相电流为

$$I_P = \frac{U_P}{z} = \frac{380}{10} = 38 \text{（A）}$$

对称负载作三角形联接时的线电流为相电流的 $\sqrt{3}$ 倍，即

$$I_L = \sqrt{3}\, I_P = \sqrt{3} \times 38 \approx 66 \text{（A）}$$

三相负载总有功功率为

$$P_\triangle = \sqrt{3}\, U_L I_L \cos\varphi = \sqrt{3} \times 380 \times 66 \times 0.8 \approx 34.7 \text{（kW）}$$

通过上面的例题，可以看出：

（1）$\dfrac{I_{\triangle L}}{I_{YL}} = \dfrac{66}{22} = 3$

（2）$\dfrac{P_\triangle}{P_Y} = \dfrac{34.7}{11.6} = 3$

这说明，在同一三相电源作用下，同一对称负载作三角形联接时的线电流和总功率是星形联接时的 3 倍。在实际中，要根据电源的线电压和负载的额定电压，选择负载的正确联接方式。

5.3.4　技能实训：三相配电柜的安装与检修

5.3.4.1　实训目的
（1）掌握三相配电柜的安装。
（2）能对三相配电柜进行检修。

5.3.4.2　实训器材
完成三相配电柜的安装与检修所需器材如表 5-3-1 所示。

表 5 – 3 – 1　所需器材

序号	名　称	型号与规格	数量	备注
1	三相交流电源	3～380 V	1	
2	三相电度表		1	
3	漏电空气开关		6	
4	隔离开关	熔断器式 HG1 – 32/30F	1	
5	备用开关		3	
6	木板		1	
7	导线		若干	

5.3.4.3　实训内容与步骤

(1)按电路要求,检测所有器材、设备;

(2)根据电路原理图(图 5 – 3 – 2)和装配参考图(图 5 – 3 – 3),布局器件,并固定于木板上;

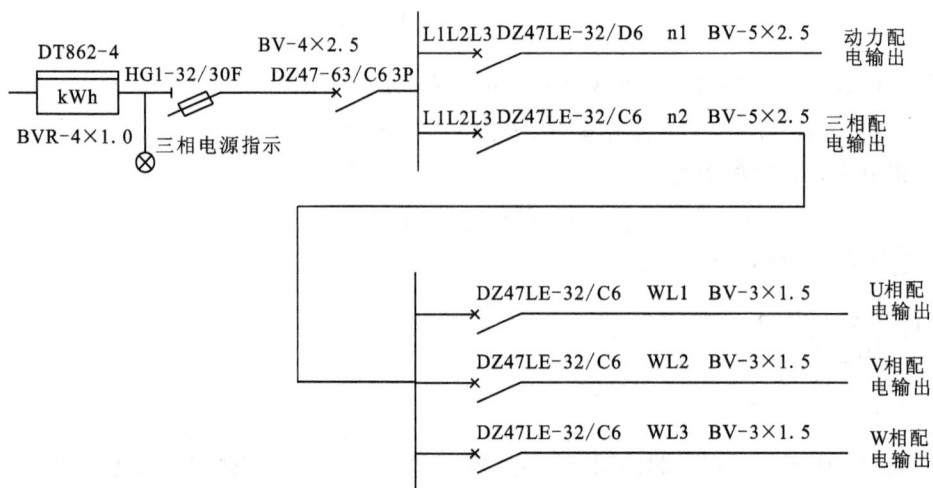

图 5 – 3 – 2　电路原理图

(3)接线;

(4)通电前直流电阻检测;

(5)通电检测,合上开关,测量各输出端电压。

5.3.4.4　考核评价

三相配电柜的安装与检修考核评价如表 5 – 3 – 2 所示。

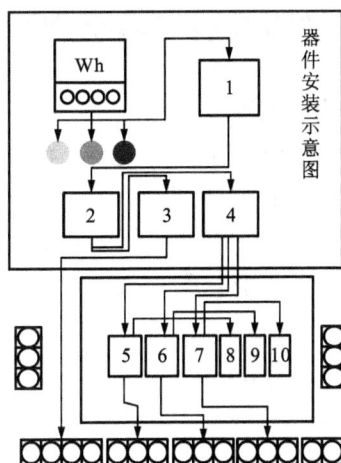

图 5 – 3 – 3 电路装配参考图

表 5 – 3 – 2 三相配电柜的安装与检修考核评价表

评价内容		配分	考核点	备注
职业素养与操作规范（30分）		5	正确着装和佩戴防护用具，做好工作前准备	出现明显失误造成贵重元件或仪表、设备损坏；出现严重短路、跳闸事故，发生触电等安全事故；严重违反实训纪律，造成恶劣影响的记0分
		5	采用正确的方法选择器材、器件	
		10	合理选择工具进行安装、联接，不浪费线材	
		5	按正确流程进行任务实施，并及时记录数据	
		5	任务完成后，整齐摆放工具及凳子、整理工作台面等并符合"6S"要求	
作品质量（70分）	装配工艺	30	①器件布局合理、美观；②导线联接整齐美观、导线横平竖直，弯折处成直角；③线头绝缘剥削合适，联接点长度合适；④安装完毕，台面清理干净	
	功能	10	电路联接后，能进行各项参数的测量	
	数据分析	30	对各项参数进行测量、及时记录，并能对数据进行分析	

5.3.4.5 实训小结
（1）三相配电柜安装有哪些步骤？
（2）三相配电柜安装应注意哪些事项？

5.3.5 拓展提高：动力线路导线与熔断器的选择

5.3.5.1 流过动力线路导线的电流计算

正确的线径选择方法是首先要计算负载的线电流，再根据电流的大小按照导线安全载流量表选择合适的线径。电机有单相和三相两类，这里按三相电机计算。

对于三相平衡电路而言，三相电机功率的计算公式是

$$P = \sqrt{3}UI\cos\varphi$$

由三相电机功率公式可推出线电流公式：

$$I = P/(\sqrt{3}U\cos\varphi)$$

式中：P——电机功率，单位 kW；

$\quad U$——线电压，单相：220 V；三相：380 V；

$\quad \cos\varphi$——电机功率因素。

由于电机的起动电流很大，是工作电流的 4 ~ 7 倍，所以还要考虑起动电流，但起动电流的时间不是很长，一般在选择导线时只按 1.3 ~ 1.7 的系数考虑。根据计算得出的电流就可以选择导线、空气开关、接触器、热继电器等设备。所以计算电流的步骤是不能省略的。

5.3.5.2 动力线路导线的选择

动力线路导线选择估算口诀：

二点五下乘以九，往上减一顺号走。

三十五乘三点五，双双成组减点五。

条件有变加折算，高温九折铜升级。

穿管根数二三四，八七六折满载流。

说明：本口诀对各种绝缘线（橡皮和塑料绝缘线）的载流量（安全电流）不是直接指出，而是"截面乘上一定的倍数"来表示，通过心算而得。

"二点五下乘以九，往上减一顺号走"，说的是 2.5 mm² 及以下的各种截面铝芯绝缘线，其载流量约为截面数的 9 倍。如 2.5 mm² 导线，载流量为 2.5 × 9 = 22.5（A）。从 4 mm² 及以上导线的载流量和截面数的倍数关系是顺着线号往上排，倍数逐次减 1，即 4 × 8、6 × 7、10 × 6、16 × 5、25 × 4。

"三十五乘三点五，双双成组减点五"，说的是 35 mm² 的导线载流量为截面数的 3.5 倍，即 35 × 3.5 = 122.5（A）。从 50 mm² 及以上的导线，其载流量与截面数之间的倍数关系变为两个线号成一组，倍数依次减 0.5。即 50 mm²、70 mm² 导线的载流量为截面数的 3 倍；95 mm²、120 mm² 导线的载流量是其截面积数的 2.5 倍，依此类推。

"条件有变加折算，高温九折铜升级。"前面两条口诀是铝芯绝缘线明敷在环境温度25℃的条件下而定的。若铝芯绝缘线明敷在环境温度长期高于25℃的地区，导线载流量可按上述口诀计算方法算出，然后再打九折即可；当使用的不是铝线而是铜芯绝缘线，它的载流量要比同规格铝线略大一些，可按上述口诀方法算出比铝线加大一个线号的载流量。如 16 mm² 铜线的载流量，可按 25 mm² 的铝线计算。

5.3.5.3　熔断器的选择

熔断器是一种结构简单、使用方便、价格低廉的保护电器,广泛应用于低压配电系统和控制电路中,主要作为短路保护元件,也常作为单台电气设备的过载保护元件。

1. 熔断器选择的一般原则

(1)根据使用条件确定熔断器的类型。

(2)选择熔断器的规格时,应首先选定熔体的规格,然后根据熔体去选择熔断器的规格。

(3)熔断器的保护特性应与被保护对象的过载特性有良好的配合。

(4)在配电系统中,各级熔断器应相互匹配,一般上一级熔体的额定电流要比下一级熔体的额定电流大 2~3 倍。

(5)对于保护电动机的熔断器,应注意电动机起动电流的影响,熔断器一般只作为电动机的短路保护,过载保护应采用热继电器。

(6)熔断器的额定电流应不小于熔体的额定电流;额定分断能力应大于电路中可能出现的最大短路电流。

2. 一般用途熔断器的选用方法

(1)熔断器类型的选择。

熔断器主要根据负载的情况和电路短路电流的大小来选择类型。例如,对于容量较小的照明线路或电动机的保护,宜采用 RCIA 系列插入式熔断器或 RM10 系列无填料密闭管式熔断器;对于短路电流较大的电路或有易燃气体的场合,宜采用具有高分断能力 RL 系列螺旋式熔断器或 RT(包括 NT)系列有填料封闭管式熔断器;对于保护硅整流器件及品闸管的场合,应采用快速熔断器。

熔断器的形式也要考虑使用环境,例如,管式熔断器常用于大型或容量较大的变电场合;插入式熔断器常用于无振动的场合;螺旋式熔断器多用于机床配电;电子设备一般采用熔丝座。

(2)熔体额定电流的选择。

①对于照明电路和电热设备等电阻性负载,因为其负载电流比较稳定,可用作过载保护和短路保护,所以熔体的额定电流 I_{rn} 应等于或稍大于负载的额定电流 I_{fn},即:

$$I_{\text{rn}} = 1.1 I_{\text{fn}}$$

②电动机的起动电流很大,因此对电动机只宜作短路保护,对于保护长期工作的单台电动机,考虑电动机起动时熔体不能熔断,即:

$$I_{\text{rn}} \geqslant (1.5 \sim 2.5) I_{\text{fn}}$$

式中,轻载起动或者起动时间较短时,系数可取近 1.5;带负载起动、起动时间较长或者起动较频繁时,系数可取近 2.5。

③对于保护多台电动机的熔断器,考虑在出现尖峰电流时不熔断熔体,熔体的额定电流应等于或大于最大一台电动机的额定电流的 1.5~2.5 倍,加上同时使用的其余电动机的额定电流之和,即:

$$I_{\text{rn}} \geqslant (1.5 \sim 2.5) I_{\text{fnmax}} + \sum I_{\text{fn}}$$

式中: I_{fnmax}——多台电动机中容量最大的一台电动机的额定电流,单位为 A;

$\sum I_{\text{fn}}$——其余多台电动机额定电流之和,单位为 A。

必须说明，由于电动机负载情况不同，其起动情况也不相同，因此，上述系数只作为确定额定熔体额定电流的参考数据，精确数据需在实践中根据使用情况确定。

（3）熔断器额定电压的选择。

熔断器的额定电压应等于或者大于所在电路的额定电压。

任务5.4　同步练习

5.4.1　填空题

1. 三相交流发电机主要由 _____ 和 _____ 组成。

2. 如果对称三相交流电路的 U 相电压 $u_U = 220\sqrt{2}\sin(314t + 30°)$ V，那么其余两相电压分别为：$u_V =$ _____ V，$u_W =$ _____ V。

3. 三相四线制供电线路可以提供 _____ 种电压。相线与中性线之间的电压叫作 _____ ，相线与相线之间的电压叫作 _____ 。

4. 对称三相绕组接成星形时，线电压的大小是相电压的 _____ ；在相位上线电压比相应的相电压 _____ 。目前，我国低压三相四线制配电线路供给用户的 $U_{线} =$ _____ V，$U_{相} =$ _____ V。

5. 在三相四线制供电系统中，中线上决不允许 _____ 和 _____ 。

6. 三相照明电路必须采用 _____ 联接的电路。

7. 对称三相电源向对称三相负载供电，可采用 _____ 制供电线路。

8. 在对称三相交流电路中，负载联接成星形时，$U_{线} =$ _____ $U_{相}$，$I_{线} =$ _____ $I_{相}$；负载联接成三角形时，$U_{线} =$ _____ $U_{相}$，$I_{线} =$ _____ $I_{相}$。

9. 在同一对称三相电源作用下，同一对称三相负载作三角形联接是作星形联接时的电流大小的 _____ 倍，有功功率大小的 _____ 倍。

10. 对称三相负载作星形联接时，各相负载承受的相电压与三相电源的线电压的关系是 _____ ，通过各相负载的相电流与相线中的线电流的大小关系为 _____ ，相位关系为 _____ 。

5.4.2　选择题

1. 对称三相交流电路，下列说法正确的是（　　　）

A. 三相交流电各相之间的相位差为 $\dfrac{2\pi}{3}$

B. 三相交流电各相之间的周期互差 $\dfrac{2T}{3}$

C. 三相交流电各相之间的频率互差 $\dfrac{2f}{3}$

D. 三相交流电各相的幅值是相同的

2. 三相对称电路是指（　　　）

A. 电源对称的电路

B. 三相负载对称的电路

C. 三相电源和三相负载均对称的电路

3. 在对称三相四线制供电线路上,联接三个相同的灯泡,如图 5 – 4 – 1 所示。三个灯都正常发光。如果中线 N 断开,那么(　　)

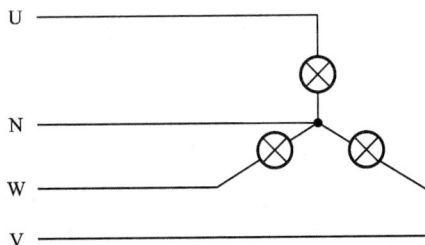

图 5 – 4 – 1

A. 三个灯都将变暗　　　　　　　B. 三个灯都将因过亮而烧毁

C. 仍能正常发光　　　　　　　　D. 立即熄灭

4. 图 5 – 4 – 1 中,如果中线断开以后又有一相断路,那么未断路的其他两相中的电灯(　　)

A. 三个灯都将变暗　　　　　　　B. 三个灯都将因过亮而烧毁

C. 仍能正常发光　　　　　　　　D. 立即熄灭

5. 有一"三相四线制"电源线电压为 380 V,一组不对称负载额定电压为 220 V 可接在其上使用的连接方法是(　　)。

A. 三角形联接　　B. 星形联接无中线　　C. 星形联接有中线　　D. B、C 都可以

6. 在三相四线中性点接地供电系统中,线电压指的是(　　)的电压。

A. 相线之间　　B. 零线对地间　　C. 相线对零线间　　D. 相线对地间

7. 对称三相四线交流电路中,(　　)。

A. 中线电流为"0"　　　　　　　B. 中线电流不为"0"

C. 中线电压、电流都不为"0"　　D. 中线断开,火线电流会有变化

8. 关于三相交流发电机的使用,下列说法正确的是(　　)

A. 三相交流发电机发出三相交流电后,不能只使用其中一相或两相,只能同时使用三相交流电

B. 三相交流发电机也可以当作三个单相交流发电机,分别单独向外传送三组单相交流电

C. 三相交流发电机必须是三根火线、一根中线向外输电,任何情况下都不能少一根输电线

D. 对于对称三相负载,三相交流发电机可用三根火线向外输电

9. 三相异步电动机的三个接线端的首端与电源三根火线的三个尾端联接成一点,称为(　　)

A. 单相联接　　　　　B. 三角形联接　　　　　C. 星形联接

10. 下式中可正确计算任意一组三相负载上消耗的总功率的是(　　)。

A. $P = \sqrt{3} U_{线} I_{线} \cos \varphi_{线}$　　　　　　B. $P = \sqrt{3} U_{线} I_{线} \cos \varphi_{相}$

C. $P = P_A + P_B + P_C$　　　　　　　　　　D. 都可以

5.4.3　综合题

1. 星形联接的对称三相负载，每相的电阻 $R = 24\ \Omega$，感抗 $X_L = 32\ \Omega$，接到线电压为 380 V 的三相电源上，求相电压 U_P、相电流 I_P、线电流 I_L 和三相总平均功率 P。

2. 某三层大楼照明采用三相四线制供电，线电压为 380 V，每层楼均有 220 V、40 W 的白炽灯 110 只，分别接在 U、V、W 三相上，试求：

（1）三层楼电灯全部亮时总的线电流和中线电流。

（2）当第一层楼电灯全部熄灭，另两层楼电灯全部亮时的线电路和中线电流。

（3）当第一层楼电灯全部熄灭，且中线断掉，二、三层楼灯全部亮时灯泡两端电压为多少？若再关掉三层楼的一半电灯，情况又如何？

3. 三角形联接的对称三相负载，每相的电阻 $R = 24\ \Omega$，感抗 $X_L = 32\Omega$，接到线电压为 380 V 的三相电源上，求相电压 U_P、相电流 I_P、线电流 I_L 和三相总平均功率 P。

4. 已知电路如图 5-4-2 所示。电源电压 $U_L = 380$ V，每相负载的阻抗为 $R = X_L = X_C = 10\ \Omega$。

（1）该三相负载能否称为对称负载？为什么？

（2）计算中线电流和各相电流，画出相量图。

（3）求三相总功率。

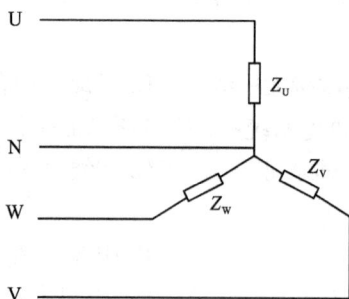

图 5-4-2

5. 三相交流电动机有三根电源线接到电源的 U、V、W 三相上，称为三相负载，电灯有两根电源线，为什么不称为两相负载，而称为单相负载？

6. 有一低压配电线路，同时向五台三相异步电动机供电，其中有三台是 4 kW，两台是 3 kW，这几台电动机的额定电压为 380 V，$\cos\varphi$ 为 0.8，效率 η 为 0.85。试求该低压配电线路的总电流。

附　录

附录 1　实训室 6S 管理

6S 就是整理(Seiri)、整顿(Seiton)、清扫(Seiso)、清洁(Seiketsu)、素养(Shitsuke)、安全(Security)六个项目实施现场管理,实训室实施 6S 管理可以养成学生凡事认真的习惯,养成遵守规定的习惯,养成自觉维护实训场所环境整洁明了的良好习惯,养成文明礼貌的习惯。

6S 管理的具体内容是:

整理:明确区分"要"和"不要"的东西,把不要的物品从现场彻底清除。整理是个永无止境的过程,贵在日日做、时时做,工作场所和环境才能始终保持良好状态。

整顿:将"要"的东西依照规定的位置摆放整齐,加以标识,使之一目了然,使所需物品始终处于能够高效地可取和放回的状态,使用方便,节约找各类物品的时间。对必要的物品根据用处、用法和使用频率进行定置管理,明确数量,加以标识,按照取放方便的原则摆放整齐,做到井然有序。固定物品要定置放置,标识清楚、准确、有效。

清扫:应使实训场所、教学现场及各种设备处于无垃圾、无污垢的洁净状态。它的前提是已经进行了整理、整顿。同时编制 6S 区域清扫责任表,明确区域清扫的对象、时间、要求,并落实责任人,按照 6S 区域清扫责任表的要求进行日常例行清扫和确认。

清洁:将整理、整顿、清扫的实施制度化、规范化,经常进行整理、整顿和清扫,并贯彻执行到日常的实习实训之中,维持整理、整顿、清扫的成果,使其成为一种制度和习惯,从而获得坚持和制度化的条件,提高工作效率。实施了就不能半途而废,必须坚持制度和加强监督,防止回到原来的混乱状态。

素养(教育):教师与学生在进行整理、整顿、清扫的同时,正确认识 6S 管理的意义,养成具有良好的工作和生活习惯,自觉遵守实习实训各项规章制度,自我管理,具有团队精神。

安全:6S 管理中的安全包括生产安全、生活安全、交通安全、消防安全、保卫保密安全等各种安全。安全应贯穿于实习实训的全过程,在 6S 的具体工作中,要强调养成良好的安全防范意识,时时消除安全隐患,做到责任落实、措施到位,减少和杜绝安全事故和人身伤亡事件的发生,达到安全管理控制。

附录2　常用电工图形符号

序号	图形符号	名称与说明
1	—— 或 -----	直流 注：电压可标注在符号右边，系统类型可标注在左边
2	～	交流 注：频率或频率范围以及电压的数值应标注在符号的右边，系统类型应标注在符号的左边
	～ 50 Hz	示例1：交流　频率50 Hz
	～ 100 – 600 Hz	示例2：交流　频率范围100～600 Hz
	380/220V 3N ～ 50 Hz	示例3：交流，三相带中性线，50 Hz，380V（中性线与相线之间为220V）。3N可用3＋N代替
	3N ～ 50 Hz/TN – S	示例4：交流，三相，50 Hz，具有一个直接接地点且中性线与保护导线全部分开的系统
3	≂ 或 ≂	交直流
4	⊖	理想电流源
5	⊖	理想电压源
6	⊓	正脉冲
7	⊔	负脉冲
8	∿	交流脉冲
9	⋀	锯齿波
10	┼	导线相交不连接
11	┴ 或 ●	导线的连接
12	┴ 或 ●	导线的多线连接

续表

序号	图形符号	名称与说明
13	+	正极
14	–	负极
15		接地一般符号
16		无噪声接地(抗干扰接地)
17		保护接地
18		接机壳或接底板
19		等电位
20	或	电阻的一般符号
21	或	滑动触点电位器
22	或	电容器一般符号 注:如果必须分辨同一电容器的电极时,弧形的极板表示: ①在圈定的纸介质和陶瓷介质电容器中表示外电极 ②在可调和可变的电容器中表示动片电极 ③在穿心电容器中表示低电位电极
23		可变电容器
24	或	电解电容器
25	或	电抗器符号
26		熔断器一般符号

续表

序号	图形符号	名称与说明
27		屏、台、箱柜的一般符号
28		动力、照明配电箱
29		照明配电箱(屏)
30		事故照明配电箱(屏)
31		多种电源箱(计量箱)
32		电源自动切换箱
33		自动开关箱
34		带熔断器的刀开关箱
35		按钮一般符号
36		带指示灯的按钮
37		单极开关
38		单极开关(暗装)

续表

序号	图形符号	名称与说明
39		双极开关
40		三极开关
41		单极开关（密封防水）
42		防爆型单极开关
43		单极拉线开关
44		双控开关（单极三线）
45		单相插座
46		单相插座（暗装）
47		单相插座（密闭防水）
48		单相插座（防爆）
49		带接地插空三相座
50		带接地插空三相座（暗装）

续表

序号	图形符号	名称与说明
51		带接地插空三相座（密闭防水）
52		带接地插空三相座（防爆）
53		带接地插空单相座
54		带接地插空单相座（暗装）
55		带接地插空单相座（密闭防水）
56		带接地插空单相座（防爆）
57		手动开关一般符号
58		熔断器式开关
59		熔断器式隔离开关
60		熔断器式负荷开关
61		灯一般符号 注：①如果要求指示颜色则在靠近符号处标出下列字母： RD 红、YE 黄、GN 绿、BU 蓝、WH 白 ②如要指出灯的类型，则在靠近符号处标出下列字母：Ne 氖、Xe 氙、Na 钠、Hg 汞、I 碘、IN 白炽、EL 电发光、ARC 弧光、FL 荧光、IR 红外线、UV 紫外线、LED 发光二极管

续表

序号	图形符号	名称与说明
62		投光灯
63		防爆荧光灯
64		自带电源的事故照明
65		防水防尘灯
66		球型灯
67		天棚灯
68		花灯
69		单管日光灯
70		双管日光灯
71		弯灯
72		壁灯
73		闪光型信号灯

续表

序号	图形符号	名称与说明
74		蜂鸣器
75		电铃
76		向上配线
77		向下配线
78		电机一般符号,符号内的星号必须用下述字母代替 C 同步交流机、G 发电机、GS 同步发电机、TG 测速发电机、 M 电动机、MS 同步电动机、SM 伺服电机、TM 力矩电动机、 IS 感应同步器 MG 拟作为发电机或电动机使用的电机
79		发电机
80		直流发电机
81		交流发电机
82		电动机
83		直流电动机

续表

序号	图形符号	名称与说明
84		交流电动机
85		三相笼型异步电动机
86		三相绕线型异步电动机
87		串励直流电动机
88		他励直流电动机
89		并励直流电动机
90		复励直流电动机
91	或	单相变压器
92	或	可调压单相自耦变压器

续表

序号	图形符号	名称与说明
93	或	在一个绕组上有中心点抽头的变压器
94		三相变压器 星形—三角形联接
95		三相自耦变压器　星形联接
96	☆	指示仪表的一般符号 注：星号须用有关符号替代，如 A 代表电流表等
97	☆	记录仪表一般符号 注：星号须用有关符号替代，如 W 代表功率表等
98	V	指示仪表示例：电压表
99	A	电流表
100	A/sinφ	无功电流表
101	var	无功功率表
102	cosφ	功率因数表
103	φ	相位表
104	Hz	频率表

续表

序号	图形符号	名称与说明
105	↑（圆圈内）	检流计
106	Ⓦ	记录仪表示例：记录式功率表
107	W | var	组合式记录功率表和无功功率表
108	Ⓝ	记录式示波器
109	Wh	电度表（瓦特小时计）
110	varh	无功电度表

附录3　家装配电线路图识读

一、AL 配电柜系统图

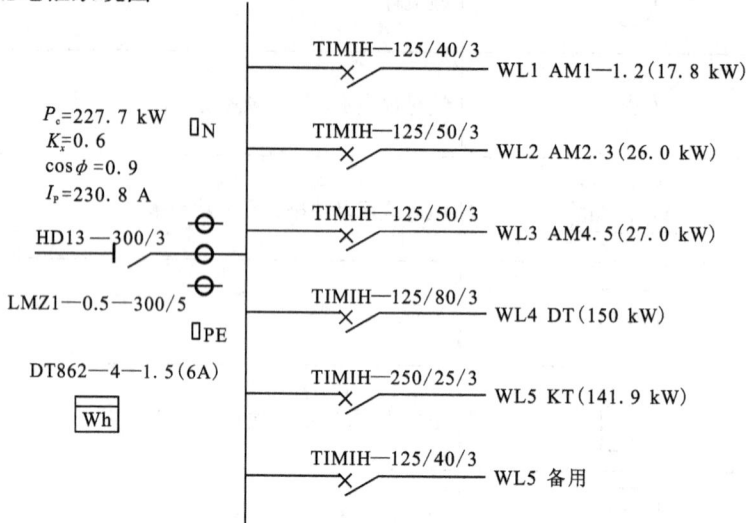

TIMIH—125/40/3　WL1 AM1—1.2(17.8 kW)

P_c=227.7 kW
K_x=0.6
$\cos\phi$=0.9
I_P=230.8 A

□N

TIMIH—125/50/3　WL2 AM2.3(26.0 kW)

TIMIH—125/50/3　WL3 AM4.5(27.0 kW)

HD13—300/3

LMZ1—0.5—300/5

TIMIH—125/80/3　WL4 DT(150 kW)

□PE

DT862—4—1.5(6A)

TIMIH—250/25/3　WL5 KT(141.9 kW)

Wh

TIMIH—125/40/3　WL5 备用

HD13 – 300/3：HD13 表示刀开关，额定电流 300 A，3 极；

LMZ1 – 0.5 – 300/5：LMZ1 表示电流互感器，准确等级 0.5，额定电流比 300/5；

DT862 – 4 – 1.5(6A)：DT862 – 4 三相四线有功电能表型号，基本电流 1.5 A，额定最大电流 6 A；

TIM1H – 125/40/3：TIM1 塑壳断路器型号，断路器壳架等级电流 125 A，断路器整定电流 40 A，3 极；

WL1 – WL5：普通照明电路回路；1 表示第 1 回路；

AM、DT、KT：配电箱类型，AM 照明配电箱，DT 电梯配电箱，KT 空调配电箱。

二、AM 配电箱系统图

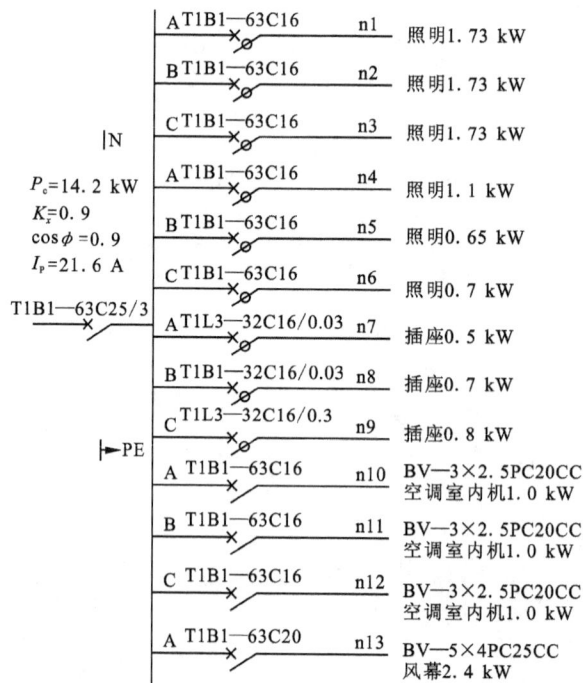

A T1B1—63C16　n1　照明1.73 kW

B T1B1—63C16　n2　照明1.73 kW

C T1B1—63C16　n3　照明1.73 kW

|N

P_c=14.2 kW
K_x=0.9
$\cos\phi$=0.9
I_P=21.6 A

A T1B1—63C16　n4　照明1.1 kW

B T1B1—63C16　n5　照明0.65 kW

C T1B1—63C16　n6　照明0.7 kW

T1B1—63C25/3

A T1L3—32C16/0.03　n7　插座0.5 kW

B T1B1—32C16/0.03　n8　插座0.7 kW

C T1L3—32C16/0.3　n9　插座0.8 kW

├PE

A T1B1—63C16　n10　BV—3×2.5PC20CC 空调室内机1.0 kW

B T1B1—63C16　n11　BV—3×2.5PC20CC 空调室内机1.0 kW

C T1B1—63C16　n12　BV—3×2.5PC20CC 空调室内机1.0 kW

A T1B1—63C20　n13　BV—5×4PC25CC 风幕2.4 kW

　　T1B1 – 63C25/3：T1B1 表示 TCL 品牌断路器，63 表示壳架电流等级 63 A，C 表示脱扣特性曲线，C 为配电型，额定电流 25 A，3 极；

　　A、B、C：表示相序，即 A 相、B 相、C 相。

　　T1L3 – 32C16/0.03：T1L3 表示 TCL 品牌漏电断路器，32 表示壳架电流等级 32 A，C 表示脱扣特性曲线，C 为配电型，额定电流 16 A，漏电电流 0.03 A(30 mA)。

三、照明平面图

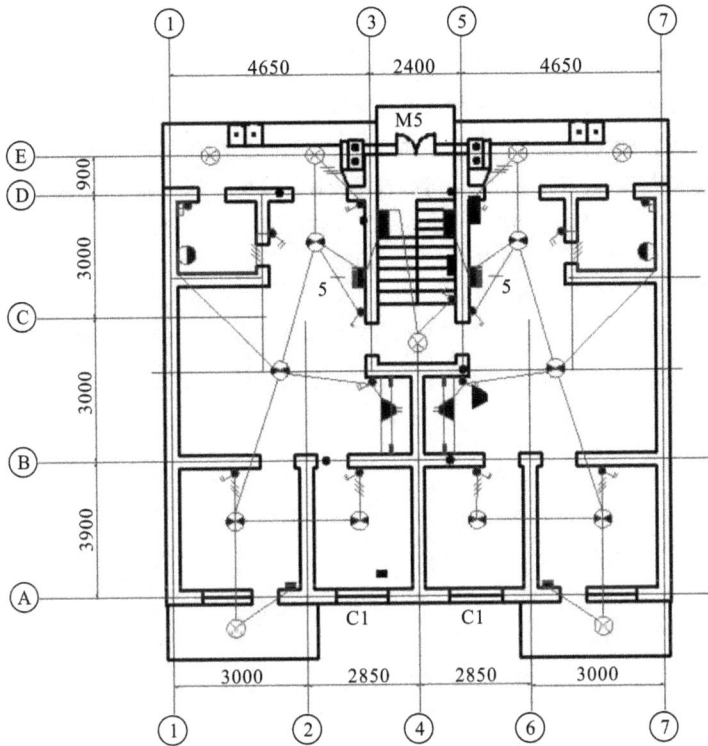

　　(1)　——///——：表示 3 根导线；

　　(2)　——／—：表示 5 根导线；
　　　　　　5

　　(3)　—————————：BV 表示塑料铜芯线。3 表示 3 根，4 表示导线截面积 4 mm^2，VG25 表示 25 mm 的塑料管，QA 表示沿墙暗敷。
　　　　　BV-3×4-VG25 QA

　　(4)电气图形符号见附录 1。

参考文献

［1］刘志平.电工技术基础［M］.北京：高等教育出版社，2009
［2］周绍敏.电工技术基础与技能［M］.北京：高等教育出版社，2010
［3］陈雅萍.电工技能与实训［M］.北京：高等教育出版社，2009
［4］曾祥富，邓朝平.电工技能与实训［M］.北京：高等教育出版社，2011
［5］俞艳.电工基础［M］.北京：人民邮电出版社，2012